心理励志文丛 | 为心「疗伤」

自控心理学
先管理好情绪，再做高效的自己

杨玉琴 / 主编

团结出版社

图书在版编目(CIP)数据

自控心理学:先管理好情绪,再做高效的自己 / 杨玉琴主编. —北京:团结出版社,2019.1
ISBN 978-7-5126-6600-9

Ⅰ. ①自… Ⅱ. ①杨… Ⅲ. ①自我控制-通俗读物 Ⅳ. ①B842.6-49

中国版本图书馆 CIP 数据核字(2018)第 206830 号

出版：团结出版社
（北京市东城区东皇根南街 84 号　邮编：100006）
电话：(010)65228880　65244790(出版社)
　　　(010)65238766　65113874　65133603(发行部)
　　　(010)65133603(邮购)
网址：http://www.tjpress.com
E-mall：65244790@163.com(出版社)
　　　　fx65133603@163.com(发行部邮购)
经销：全国新华书店
印刷：三河市金轩印务有限公司

开本：640 毫米×920 毫米　16 开
印张：15
印数：5000 册
字数：200 千字
版次：2019 年 1 月第 1 版
印次：2019 年 1 月第 1 次印刷

书号：978-7-5126-6600-9
定价：39.80 元

前 言 Preface

当面对坏的天气时,当受到老师或领导的批评指责时,当面对别人的坏情绪时,当过的不如别人时,当受到社会不公正的待遇时,当面对苦难时……我们会产生不好的情绪吗?一般人的答案是肯定的。孰不知,当我们产生情绪时,就已经成为了情绪的奴隶,我们可能正在和自己较劲,正在为他人的错误埋单。有的时候,情绪会让我们失去风度,从而错失各种机会。

社会在飞速发展,身处其中的我们面临着各种各样的压力,如果不管理好自己的情绪,就难以成功地消除外界施加在我们身上的压力,因此,我们就很难施展自己、做高效的自己。若要想成就辉煌的人生,就需要我们懂得一些自控心理学,先管好自己的情绪,再做高效的自己。只有这样,我们才能在坏天气时,相信总会有晴天;才能在受到老师或领导的批评指责时,机智应对;才能不被别人的坏情绪传染;才能不去攀比,体会自己小小的幸福;才能在受到社会不公正的待遇时,用自己的理智和情商为自己发声;才能明白苦难其实是一笔财富……

做到这样,就需要我们对情绪有一个清楚的认知。那么,什么是情绪?情绪产生的原因和种类又有哪些?如何在现实生活中管理自己的情绪?如何调整好自己的心态、迎接一个全新的自己?

本书从理论基础和实践两个方面来介绍自控心理学中情绪管理的方法和技巧，且深入而全面，加入案例，帮助读者朋友了解并清楚情绪的危害及管理情绪的益处，真正做到享受生活、体味生活的乐趣。如果读者朋友能从中受益，将是编辑团队之幸事。

目 录 Contents

第一章 情绪的概述

情绪产生的原因及种类 …………………………… 001
换个视角可以看到不一样的风景 ………………… 004
只做情绪的主人,不做情绪的奴隶 ……………… 006
请冷静下来好吗 …………………………………… 010
学会使用情绪发电机 ……………………………… 012
忧虑是于事无补的行径 …………………………… 013
不要让坏情绪到处去"惹祸" ……………………… 016

第二章 愤怒会让你失去风度

"气死我了"是你的口头禅吗 …………………… 019
咆哮并不能让人心服口服 ………………………… 021
以怒制怒的悲剧 …………………………………… 024

声嘶力竭又如何 ·········· 026
都是生气惹的祸 ·········· 028
生气不如争气，变不利为有利 ·········· 030
生闷气是一件划不来的事情 ·········· 032
发脾气之前，从 1 数到 10 ·········· 034

第三章　为他人的错误埋单不值得

生气为百病之长 ·········· 037
赶紧停止无谓的生气吧 ·········· 038
适度宣泄，有原则地发怒 ·········· 040
别人的评价，不要看得太重 ·········· 042
有谁可以做到人人喜欢呢 ·········· 044
人之所以烦恼，是因为计较得太多 ·········· 046
流言四起，说明你很出色 ·········· 049
挣脱枷锁，原谅别人 ·········· 051

第四章　你可能正在和自己较劲

我们没有理由跟自己较劲 ·········· 055
上帝也不是万能的 ·········· 057
不和别人比较，幸福是自己的 ·········· 060
没有比较，就不会有嫉妒 ·········· 062
自嘲是一种调节心理平衡的利器 ·········· 064
原谅自己，与现实和谐共处 ·········· 066
小节无伤大雅，何必小题大做 ·········· 069

很多烦恼都是我们自己寻找的 …………………………… 071
没有糟糕的事情，只有糟糕的心态 …………………… 074
同样是人生，你为什么不能快乐一点呢 ……………… 077
好运气都是自己赢得的 ………………………………… 079
没人喜欢总是挑剔的人 ………………………………… 081

第五章　亲爱的，你需要坚强

再苦也要笑一笑 ………………………………………… 085
计较少一点，快乐就会多一点 ………………………… 088
烦恼是生活中的家常便饭 ……………………………… 090
尊卑本不存在，芥蒂只在心中 ………………………… 091
忍辱负重，方显大仁大智 ……………………………… 094

第六章　管理好职场情绪，做高效的自己

面对指责，请不要暴跳如雷 …………………………… 097
不把工作带回家，让烦恼留在公司中 ………………… 099
在疲劳之前休息，才能更高效地工作 ………………… 102
不要在情绪失控时做决定 ……………………………… 105
面对晋升，我们要保持一颗平常心 …………………… 107
悲观的心态会泯灭希望 ………………………………… 109
有张有弛，拒绝做"工作狂" ………………………… 112
领导的批评是前进的动力 ……………………………… 114
在职场中学会休闲 ……………………………………… 115

第七章　婚恋中的情绪

既然相爱，就不要用怒气考验爱情 …………………… 119
眼前的人才是我们最该珍惜的 ………………………… 121
请给爱留一点尊重 ……………………………………… 124
嘴巴甜一点，烦恼少一点 ……………………………… 126
琐碎的婚姻生活需要幽默来调味 ……………………… 129
请停止为鸡毛蒜皮的事争吵 …………………………… 130
让浪漫时光拯救你疲惫的爱人 ………………………… 132
过去的，就不要再去触碰 ……………………………… 135
过去的已经彻底过去了，后悔无益 …………………… 136
不要执着过去的拥有 …………………………………… 138

第八章　欢迎来到不抱怨的世界

抱怨解决不了任何问题 ………………………………… 141
停下来，生活也许就在身后 …………………………… 144
最珍贵的东西就在你身边 ……………………………… 146
一个容易满足的人，会得到很多快乐 ………………… 148
向上比，偶尔也向下比 ………………………………… 150
不要再抱怨公司了，好好工作才是王道 ……………… 152
不要再抱怨你的出身了 ………………………………… 156

第九章 调整好自己的心态

积极的心态会给生命带来阳光和温暖 ················· 159
世界上没有"假如" ································· 162
你为什么不大哭一场 ······························· 164
找人倾诉,说出心中的烦恼 ························· 166
模拟报复,释放你压抑的情绪 ······················· 168
换个事情做,赶走坏情绪 ··························· 171
学会原谅是一种成熟的心理 ························· 173
没有糟糕的事情,只有糟糕的心情 ··················· 175
与其在痛苦中挣扎,不如快乐地生活 ················· 177
微笑有着一种超然的力量 ··························· 180
祸福相伴,就像硬币的两面 ························· 182
要多看看自己拥有的 ······························· 184
把吹口哨的心情找回来 ····························· 186

第十章 学着接受不能改变的现状

世界是不公平的,你要学会适应它 ··················· 189
学会接受自己的不完美 ····························· 192
总是追求完美,会让我们很痛苦 ····················· 194
努力不一定就会得到 ······························· 197
手中就算是坏牌,也能赢得漂亮 ····················· 199
坦然面对苍老 ····································· 201
让过去都化作美好的回忆 ··························· 204

顺其自然就好 …………………………………… 206
不成功，就换一种方式 …………………………… 208

第十一章 幸福近在咫尺

厘清心绪，拥有快乐其实很简单 ………………… 211
拥有感恩之心，每一天都是感恩节 ……………… 212
往前看，就能看到幸福 …………………………… 215
一切都将雨过天晴 ………………………………… 217
原来自己一直都被幸福包围着 …………………… 219
生命是有限的，但希望是无限的 ………………… 222
享受你拥有的一切就是幸福 ……………………… 224
幸福快乐的秘诀 …………………………………… 227

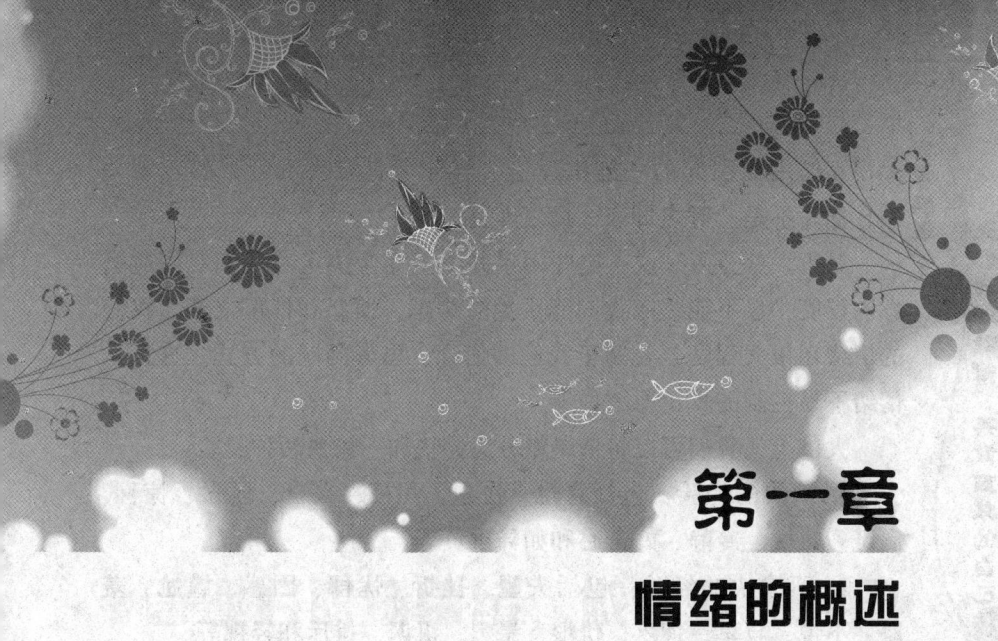

第一章
情绪的概述

情绪产生的原因及种类

情绪是我们每个人不可缺少的生活体验,是生命的属性,"人非草木,孰能无情"。那么,情绪是如何产生的?它产生的原因又是什么呢?

科学研究发现,我们大脑中枢的一些特殊的原始部位明显地掌控着我们的情绪。但是,人类对语言的使用和更高级的大脑中枢又影响和支配着比较原始的大脑中枢,即影响我们的情绪和行为的主要原因是思维。

专家指出遗传结构只是在很小程度上决定着一个人是倾向于安静还是倾向于激动。在现实生活中,影响人的情绪因素主要来自外界,特别是工作、生活的环境。各种生理因素(如疾病、缺乏睡眠、营养不良等)也会使人变得容易激动。可见,情绪是由多种情感相互作用而引起的一连串反应，与环境有着密不可分的互动关系，它并不是"呼之即来、挥之即去"的。

对于大部分人来说，这些因素并不能完全决定着我们对周遭满意的程度，也不能决定我们能否免受焦虑、愤怒和抑郁之苦。我们的情绪在很大程度上受制于我们的信念、思考问题的方式。这正是情绪不易控制的真正原因。

大体上，我们可以将情绪粗分为愉快和不愉快两种经验：

1. 愉快的经验：包括喜悦、快乐、积极、兴奋、骄傲、惊喜、满足、热忱、冷静、好奇心和如释重负等。

2. 不愉快的经验：包括失望、挫折、忧郁、困惑、尴尬、羞耻、不悦、自卑、愧疚、仇恨、暴力、讥讽、排斥和轻视等。

另外，情绪也可分为合理的情绪和不合理的情绪。

上面讲述了情绪分为两大经验，下面细分一下情绪的种类，情绪的种类很多，一般分为以下五种：

1. 原始的基本的情绪：具有高度的紧张性，包括快乐、愤怒、恐惧和悲哀等。

2. 感觉情绪：包括疼痛、厌恶、轻快等。

3. 自我评价情绪：主要取决于个人对自己的行为与各种行为标准关系的知觉，包括成就感与挫败感、骄傲与羞耻、内疚与悔恨等。

4. 恋他情绪：这类情绪常常凝聚成为持久的情绪倾向或态度，主要包括爱与恨等。

5. 欣赏情绪：包括惊奇、敬畏、美感和幽默等。

这些情绪对人们起着至关重要的作用。由于情绪可能为我们带来伟大的成就，也可能带来惨痛的失败，因此如果想做高效的自己，我们必须了解、控制自己的情绪。

我们每天都要表达自己的情绪，"今天我很开心""我现在很烦""前天发生的事情让我很难过""这件事想想就后怕""我喜欢你啊"……也会描述他人的情绪，"他太紧张了""这个人怎么这么开心""父亲对我很生气""在昨晚的圣诞晚会上，大家都很兴奋"……

情绪无所谓对错，它常常是短暂的，会推动行为，可以累积，也可以经疏导而加速消散。情绪的好和坏事实上与我们自己的心态和想法有关。同一件事，在别人眼中看着是悲哀的，在你眼中也许就是喜乐的，主要取决每个人的思维。

情绪的表现形式是多种多样的，我们还可以依据情绪发生的强度、持续的时间以及紧张的程度，把情绪分为心境、激情和应激反应3类：

1. 心境

心境是一种微弱、平静、持续时间很长的情绪状态，也就是我们大家常说的"心情"。心境是受到个人的思维方式、方法、理想以及人生观、价值观和世界观影响的。同样的外部环境会造成每个人不同的情绪反应。有很多在恶劣环境中保持乐观向上的例证，那些身残志坚、临危不惧的人都是值得我们学习的榜样。

2. 激情

激情是迅速而短暂的情绪活动，通常是强有力的。我们经常说的"勃然大怒""大惊失色""欣喜若狂"都是激情的一种表现。激情是常被矛盾激化的结果，也是在原发性的基础上发展和夸张表现的结果。很多情况下激情的发生是由生活中的某些事情引起的，而这些事情往往是突发的，使人们在短时间内失去控制。

3. 应激反应

应激反应是由出乎意料的紧急情况所引起的急速而又高度紧张的情绪状态。人们在生活中经常会遇到突发事件，它要求我们及时而迅速地作出反应和决定，应对这样紧急情况所产生的情绪体验就是应激反应。在平静的状况下，人们的情绪变化差异还不是很明显，而当应激反应出现时人们的情绪差异立刻就显现出来。加拿大生理学家塞里的研究表明：长期处于应激状态会使人体内部的生化防御系统发生紊乱和瓦解，随之身体的抵抗力也会下降，甚至会失去免疫能力，因此就更容易患病。所以，我们不能长期处于高度紧张的应激反应当中。

换个视角可以看到不一样的风景

当我们面临困惑时，如果能够静下心来，坦然面对，就有可能看到另一番天地。在我们的生活与工作中，遇到困难或是难以跨越的"坎"时，不妨尝试换一种思考方式和解决办法，也许很快就能解决问题。

在一场战争之中，布瑞的男友在一个位于沙漠中心的陆军基地驻防。为了能经常与男友相聚，布瑞搬到了驻地附近，这样就可以避免相思之苦了。可是残酷的现实使布瑞非常痛苦，那里实在是个可憎的地方，布瑞简直没见过比那更糟糕的地方，对于她来说，那里简直是个噩梦。

男友出外参加演习时，布瑞就只好一个人待在那间小房子里。没有人跟她说话，由于沙漠里非常炎热，她不敢出去，怕中暑。而且外面风沙很大，除了沙子还是沙子，能见度极低，说不定走着走着就迷路了，所以她只好乖乖地待在房子里。

布瑞觉得自己倒霉透了，于是她写信给父母，告诉他们她准备回家了，她一分钟也不能待在这个像是牢房一样的地方了，什么也干不了，没有亲人，没有朋友，她感到很孤独，她宁愿离开男友也不想待在这种鬼地方了。

一个月后，她的父亲回信了，信上只有一句话，之后这一句话常常萦绕在她的心中，并改变了布瑞的一生："有两个人从铁窗朝外望去，其中一个人看到的是满地的泥泞，另一个人却看到的是满天的繁星。"

她把父亲的这一句话反复念了很多遍，之后她决定找出自己目前处境的有利条件。她开始和当地的居民交朋友，他们都非常热心。当她在家无聊的时候,她就开始写作;当她需要书籍的时候,就让家人邮寄给她。就这样日复一日,年复一年,最终她的文稿被一家出版社看中,并发行成书。从此,布瑞便成了一名作家。

是什么给布瑞带来了如此惊人的变化呢?沙漠没有改变,改变的只是她自己。她改变了面对生活的态度,正是这种改变使她有了一段精彩的人生经历,她发现的新天地令她既兴奋又刺激。在那片沙漠里,她找到了美丽的星辰。

布瑞的故事也恰好说明了一个朴素的道理:人可以通过改变自己的心境来改变自己的人生。对于身处逆境中的人来说更是如此。如果你不满意自己的现状,想改变它,那么首先应该换个视角看人生,改变一下你自己,如果你有了积极的心态,你就会看到不一样的风景,并且能够积极乐观地改善自己的环境和命运,你周围所有的问题都会迎刃而解,这是理性的控制情绪的方法。

生活多彩,又难以让人捉摸透,换一种心情去生活会让你感受到生命的精彩。有这样一个句歌谣:"别人骑马我骑驴,仔细思量总不如,回头再一看,还有挑脚夫。"这首歌谣虽理浅,足以醒世。哲人说:"人生是块多棱镜,从不同的角度观看,会看到不同的效果。"

人生一直处于比较之中,人的心灵和身体也在不停地进行对话。从现在起,我们要与自己的心灵对话。20世纪科学家为此已经作出了令人信服的科学解释:"心灵的对话不单单是抽象的观念性东西,还会产生影响身心健康的物质性东西,这就是常说的荷尔蒙。"

一个人遇上不如意的事,心情不好时,大脑就会分泌出影响身心健康的荷尔蒙。反之,遇事能正确对待,心情舒畅时,脑内就会分泌出增强健康的荷尔蒙。荷尔蒙是在人体细胞之间传递信息的物质,大脑也就是通过它向全身传递命令,进行心灵对话的。

人在发怒或情绪紧张时,体内会分泌出甲肾上腺素;感觉恐怖时，体内会分泌出肾上腺素，这些荷尔蒙如果过量分泌，对人体十分有害。如果人的心情愉快，常常能把事情往好的方面去想，体内就会分泌出具有活跃脑细胞、增强体质功能的荷尔蒙。

"我们的痛苦通常不是问题的本身带来的，而是我们对这些问题的看法而产生的"，这是一句十分经典的话，它引导我们学会解脱。解脱的最好方式是面对不同的情况时，用不同的思路从多角度分析问题。因为事物都是多面性的，视角不同，所得的结果就不同。

要解决一切困难只是一个美丽的梦想，但任何困难都是可以解决的。一个问题就是一个矛盾的存在，而每一个矛盾只要找到了合适的介点，就可以把矛盾的双方统一。只是这个介点不停地变幻，它总与那些处在痛苦中的人玩游戏。

所以，我们需要换个视角看人生，这样你就会从容、坦然地面对生活。当痛苦向你袭来的时候，不要悲观气馁，要寻找痛苦的原因、教训及战胜痛苦的方法，勇敢地面对多舛的人生。

换个视角看人生，你就不会为战场失败、商场失手、情场失意而颓废，也不会为名利加身、赞誉四起而得意忘形。

只做情绪的主人，不做情绪的奴隶

有人曾说，只要征服自己的情绪，就能征服一切，做高效的自己。这正说明了人应该掌控自己的情绪，而不是成为情绪的奴隶。然而，有很多人会都陷于愤怒、忧郁、恐惧等消极情绪的陷阱里不能自拔。

经济学教授詹纳斯·科尔耐曾说："我把人在控制自我情感上的软弱无力称为奴役。因为一个人为情感所支配，行为便没有自主之权，而受命运的宰割。"所以，做自己感情的奴隶比做暴君的奴仆更为不幸。

1939年，德国军队占领了波兰首都华沙，此时，卡亚和他的女友迪娜正在筹办婚礼，在光天化日之下卡亚被纳粹推上卡车运走，关进了集中营。卡亚陷入了极度的恐惧和悲伤之中。

一同被关押的一位犹太老人对他说："孩子，你只有活下去，才能与你的未婚妻团聚。记住，要活下去。"卡亚冷静下来，他下定决心，无论日子多么艰难，一定要保持积极的精神和情绪。所有被关在集中营的犹太人，他们每天的食物只有一小块面包和一碗汤。许多人在饥饿和严酷刑罚的双重折磨下精神失常，有的甚至被折磨致死。卡亚努力控制和调适着自己的情绪，把恐惧、愤怒、悲观、屈辱等抛之脑后。在这人间炼狱中，卡亚奇迹般地活下来。他不断地鼓舞自己，靠着坚韧的意志力，维持着衰弱的生命。

1945年，盟军攻克了集中营，解救了这些饱经苦难、劫后余生的人。卡亚活着离开了集中营。若干年后，卡亚把他在集中营的经历写成一本书。他在前言中这样写道："如果没有那位老者的忠告，如果放任恐惧、悲伤、绝望的情绪在我的心间弥漫，很难想象，我还能活着出来。"

卡亚用积极乐观的情绪救了自己，战胜了不良情绪，主宰了情绪。无论是愉快的情绪还是不愉快的情绪，都要把握好它的"度"。否则，愉快过度了，即要乐极生悲。

然而，总有许多人不停地抱怨命运的不公，自己付出了辛劳的汗水，得到的却是失败和痛苦。究其原因，是因为他们不会调节自己的情绪，他们需要情绪锻炼，那么怎么才能摆脱"情绪奴隶"这个称号呢？

1. 要学习辩证法，懂得用一分为二、变化发展的眼光看问题，在任何情况下，都不要把事物看"死"。

2. 要陶冶情操，培养广泛的兴趣，如书法、绘画、弈棋、种花、养鸟等，可择其所好，修身养性。

3. 不要经常发脾气，遇事要量力而行，要有自知之明，要相信别人，多为别人着想。还有，要学会倾诉。有欢乐，不妨学学孩子跳一跳，放开嗓子吼几句；有苦恼，也不要闷在肚里，可向亲朋倾诉一番，甚至大哭一场。

4. 要广交朋友，消除孤独。多参加些体育锻炼，也是与情绪锻炼相辅相成、一举两得的好方法。

想要成就一个高效的自己，首先就要学会控制情绪，这样你才可以如鱼得水地处理任何事情。那么从今天开始，让我们每天坚持情绪锻炼，做高效的自己。

请假设下面一个场景：

星期天你在街上闲逛，迎面走来了你的领导，你正要上前打招呼，但你的领导却径直从你的身边走过去了。那么这时候，你会怎么想呢？

"他可能正在想别的事情，没有注意到我吧。"

"他可能急着赶时间，没空和我打招呼吧。"

"是不是我上次顶撞了他一句，他就故意不理我了，以后可能会故意找我的碴了，我可得小心点。"

对于这三种想法，你会选择哪种呢？选择前两种的人可能觉得无所谓，该干什么就干什么；而选择后者的人可能下周一再见到领导时，就会担心领导刁难自己，担心自己的职业前途。那么长期处于这种不良的情绪状态之中，势必会导致他不能好好做事，导致工作效率下降，到那时候，领导可能真的要对他不满了。

一个夏日的午后，拿破仑在一片树林悠闲地骑马。忽然一阵慌乱的呼救声搅乱了他的兴致，他朝着发出叫喊声的湖边策马奔腾。只见一个士兵不幸落到水里，正往湖中心的深水区漂移。岸上几个同样不会游泳的士兵慌作一团，对落水的伙伴束手无策，只好大声呼喊着救命。

拿破仑问："他会游泳吗？"其中一个士兵回答："他是刚学游

泳，不小心落水，现在漂到深水区了。"

拿破仑听了便掏出一支手枪，并朝落水人喊道："你还往湖当中游什么，我命令你给我游回来。要是再往前去，我毙了你！"

说完，果然朝前方放了两枪。

只见那个落水的人听到子弹的声音后，猛然地回转身来，拼尽全力"扑通扑通"地向湖边游来，很快就游到了岸边。

在面临危险的时候，人都会产生或多或少的消极情绪，而这些消极情绪会让人失去斗志。有些人往往会在威胁和命令之下，及时制止他们消极低迷的心态，从而激发他们发挥出自身的潜力，渡过难关。

人常常会"感情用事"，其结果不仅无济于事，而且也会损害自己的精神状态。当我们受到消极情绪袭击的时候，更是要及时制止这种消极的心态。我们不是情绪的奴隶，我们要做自己情绪的主人。

陈铭卓从事这份销售工作已经半年了，比起那三个月的试用期，他在跑业务方面和与客户沟通方面有很大的进步。

但是陈铭卓还是心烦，每个月总是不尽如人意的指标完成度，让他最近开始陷入无名的焦躁情绪中，这给陈铭卓带来了很多麻烦。他在准备文件资料时总是出错，遭到了客户的抱怨。他开始每天抽更多的烟，最近老是处于感冒的状态也是拜抽烟所赐。铭卓对朋友提议的周末娱乐活动也总是提不起兴趣，朋友说他越来越孤僻了，说他怎么变化这么大，大学时可不是这么不合群。

这次陈铭卓为了某个项目投标忙了三天三夜，可结果是，这个项目仍然没有拿下，令他的挫折感直线上升。知道这个消息的时候他甚至感到绝望。

导致铭卓产生不良情绪的原因来自完成销售指标的压力。其实每个职场中人都或多或少产生过"觉得自己难以完成任务"的感觉。

铭卓有个学心理学的同学,这个同学知道铭卓这样的情况,给铭卓提了几点意见:

首先,及时调整目标,如果对自己没有完成任务而感到担心焦虑,只会片面放大工作目标的困难程度,这样不如做一些小小的调整,比如适当延长完成任务的期限。

其次,千万不要把工作中的情绪带到个人生活中,休息放松有助于让工作中的不良情绪及时得到化解。

铭卓采纳同学的建议之后,工作变得顺利,人也开朗了许多。

初入职场的人容易产生焦虑、挫败感等不良情绪,抱怨其实于事无补,不如加强实际行动实现目标。一个快乐的人,不是一个永远没有消极情绪的人,而是一个会制止、会疏导消极情绪的人,他会是情绪的主人。

请冷静下来好吗

一个成功的人必定是有良好自我控制能力的人,自我控制不是说不发泄情绪,也不是不发脾气,过度压抑会适得其反。良好的控制自我就是遇事冷静下来,不情绪化,任由情绪发展,而是要适度控制,这是一种能力的体现。

20世纪60年代早期的美国,有一位很有才华、曾经做过大学校长的人竞选美国中西部某州的议会议员。此人资历、威望甚高,精明能干、博学多识,非常有希望赢得此次选举的胜利。

就在他竞选过程中,一个很小的流言散布开来:3年前,在该州首府举行的一次教育大会上,他跟一位年轻的女教师"有那么一点暧昧的行为"。这其实是一个弥天大谎,而这位候选人不能很好地控制自己的情绪,他对此感到非常愤怒,并极力想要为自己辩解。

就在这个时候,他的太太对他说:"既然这是一个谎言,那为什么还要为自己辩护呢?你越辩护,越说明这件事是真的,与其让其他人看笑话,不如不把它当回事。"

果然,他把这件事当成小事,当有记者问他时,他说:"这是一个误会,是一个谎言,时间会证明一切。"虽然只是简短的几句话,但是他赢得了更多人的支持。最后他成功赢得此次竞选。

在关键时候,故事的主人公能控制自己的情绪,控制了自我,这是能力的体现。他没有因为别人的误解而发怒,而是转换角度,从容面对,所以他成功了。

其实,人的情绪会受众多因素的影响,例如,个人成败、环境氛围、天气情况、他人言语、突发事件、身体状况等。这些因素可以按照来源分为外部因素(刺激)和内部因素(看法、认识)。两种因素共同决定了人的情绪表现和行为特征,其中个人的观点、看法和认识等内部因素直接决定人的情绪表现,而个人成败、恶言恶语等外部因素则通过影响情绪内因而间接影响人的情绪表现。

传说中有一个"仇恨袋",谁越对它施力,它就胀得越大,以致最后堵死我们生存的空间。因此,当我们遇到生气的事情,不必将怒火点燃,实际上这于事无补。

情绪可以成为你干扰对手、打败对手的有效工具;反过来说,情绪也会成为对手攻击你的"暗器",让你丧失理智,铸成大错。

在电影《空中监狱》中有这样一个桥段:从海军陆战队受训完毕的卡麦伦来到妻子工作的小酒馆,正当两人沉浸在重逢的喜悦之中时,几个歹徒出现了,对他漂亮的妻子百般骚扰。卡麦伦在妻子的劝阻下,好不容易按下心中的怒火,离开酒馆回家。没想到在半路上又遇到那几个歹徒,听着他们污秽的言语,卡麦伦实在忍无可忍了，他不顾妻子的劝阻，愤怒地冲过去和他们展开了一场搏斗。混乱中，一个歹徒从衣兜里掏出一把锋利的匕首，卡麦伦不假思索地夺过匕首，一刀捅入对方的胸膛……那人当场死亡了，卡麦伦因为过失杀人，被判了十年监禁。无论他有多么后悔，也只得挥泪告别刚刚怀孕的妻子，在狱中度过漫长而痛苦时光。

其实，卡麦伦的悲剧是他自己造成的，如果他能冷静下来，控制自己的情绪，不正面与歹徒冲突，又怎会酿成如此悲剧？制服坏人并不一定要靠拳头和武力。当时，如果卡麦伦能稍微理智一些，向警方求助，事情一定不会演变到这种地步。

控制自我情绪是一种重要的能力，也是一门难能可贵的艺术。一个不懂得控制自我的人，只会任由其情绪的发展，使自己犹如一头失控的野兽，一不小心闯到熙熙攘攘的人群中，则会伤人伤己。人是群居的动物，不可能总是一个人独处，一旦情绪失控，必将波及他人。因此，控制自我情绪绝对是人们种必须具备的能力。

学会使用情绪发电机

在生活中，我们不可避免地会产生一些坏情绪，比如愤怒、怨恨、痛苦等，这些情绪虽然都会在一定程度上会消耗我们的能量。但是，这些表面负面的感受也会有一些积极价值。在感到痛苦的时候，我们可以学会成熟，在逆境中可以不断成长。所以说，情绪发电机用好了，会帮助我们在人生的道路上少走许多弯路。

在有限的人生经历中，我们每天都会收到生活包裹起来的礼物，有甜蜜的惊喜，也有令人灰心失望的打击。即使是流泪，每个人也有不同的原因。有人哭泣，是因为伤心的事情太多；有人哭泣，是因为幸福的事情太多。这背后的差异，是情绪发电机工作的结果。如果这个发电机发出的是豁达、乐观的心态,那么我们就总能够看到事物光明的一面,即使在漆黑的夜晚,我们也知道星星在乌云的背后闪烁;如果发出来的是坏情绪,那么我们就可能会对幸福熟视无睹。

我们如何去学会使用这个情绪发电机、把握好自己的生活呢?

1. 自在的生活有属于自己的目标。有时,人们变得焦躁不安,是因为碰到自己无法控制的局面。此时,你应承认现实,然后设法创造条件,使之向着自己的目标方向转化。

2. 要有一颗无限空间的心灵。大凡乐观的人往往是憨厚的人,愁容满面的人又总是那些不够宽容的人,他们看不惯社会上的一切,希望人世间的一切都符合自己的理想模式,这才感到顺心。

3. 当你变得浮躁、悲观之时,不如冷静地承认发生的一切,放弃生活中已成为你负担的东西,终止不能取得结果的活动,并勇敢面对新的生活,让自己的人生空间换上属于自己的壁纸。

当你发现自己不会因为任何外在的改变而改变时,你就不会再因为一时的得意而沾沾自喜,也不会因为一时的失意而捶胸顿足;同样,你也不会因为别人的成就而感到暗淡,也不会因为别人的侮辱而冲动。

忧虑是于事无补的行径

在一个小山坡上,静静地躺着一棵参天大树的残骸,这曾经是一棵拥有几百岁高龄的古树,人们在它面前是多么渺小。当这棵树刚刚发芽抽枝的时候,哥伦布才刚刚发现新大陆呢。几百年来,它经历了世间所有的事情:曾经被闪电击中过,树干都焦了;被狂风暴雨侵袭过,树枝都东倒西歪;被当地人砍过,人们掠夺了它的枝叶。可是,它依然安然无恙,稳健成长。

但最后，有一队小甲虫占领了这棵大树，那些可恶的小甲虫从根部开始，一点一点地啃噬着这棵大树，小甲虫持续不断地啃。终于有一天，它们啃断了大树，大树也永远地倒了下去，再也没有站起来。

这是美国第 32 任总统富兰克林·罗斯福的夫人对人们讲的故事。是的，不说这百年大树惧怕这看似微不足道的小甲虫，我们的生命亦是如此，有时候我们经得住电闪雷鸣、风吹日晒的考验，却经不起一种叫作忧虑的"小甲虫"的咬噬。

《圣经》的《马太福音》中，耶稣告诫世人，不要为明天忧虑，不要忧虑吃什么，喝什么，穿什么。英国首相丘吉尔在"二战"期间，每天要工作 18 个小时，甚至连睡觉的时间也没有。对此，丘吉尔常说："我没有时间去忧虑。"是的，我们美好的生活不应该被忧虑所侵占。

通用公司的副总裁查尔斯·柯特林，在发明自动点火器前，家里穷得叮当响，甚至要把谷仓改装成实验室。然而，柯特林太太却用教别人弹钢琴所赚的微薄的薪水支撑着家里所有的开销，而柯特林更是砸锅卖铁地去购置实验设备。

柯特林废寝忘食、夜以继日地研究发明、做实验，然而他没病倒，为支持丈夫事业的柯特林太太却因为繁重的工作病倒了。

后来有人问柯特林太太："在那个时期你们忧虑吗？"

柯特林太太回答："我非常忧虑，忧虑他的健康，忧虑我们入不敷出的经济。但是柯特林倒是一点儿也不忧虑，他整天埋头工作，根本没有时间去忧虑。"

《列子》中记载了一个杞人忧天的故事。大家肯定觉得杞人可笑，因为他忧心太重了，担心的东西太多了。这个故事讽刺了那些毫无根据和缘由担心的人，因为他所有的担心和忧虑都是庸人自扰。

当然，我们要未雨绸缪，要为明天做计划和准备，但不等于为明天担忧。担忧不能解决任何问题，担忧只能有损健康，担心出毛病来。其实我们当中有很多人都是新一代的"杞人"，虽然我们不像他一样担心天塌地陷，但是有着很多其他的忧虑。有人不露声色，有人愁眉不展，有人唉声叹气，有人夜不能寐，有人得了忧郁症……

从前，有一个小女孩，她非常担心未来。有一天她坐在井边思考人生，样子十分忧虑。

有个人路过井边，觉得小女孩很奇怪，就问："你小小年纪为什么会这么忧伤呢？"小女孩回答："我现在年纪是很小，那请问我会不会长大呢？"

"是呀，你以后是要长大的。"路人答道。

小女孩接着问："那我长大以后会不会谈恋爱？"

"当然会啦。"路人说。

"恋爱后要不要结婚？"

"要。"

"那我结婚以后要不要生小孩？"

"必须要。"

"那我的小孩以后路过这井边，你看井台这么低，他要是掉到井里可怎么办呀？"

路人哈哈大笑，说道："你妈妈也是这样担心你的，担心你掉进水井里去，你还是快回家吧。"

这就是小女孩的忧虑，她担心以后自己的小孩会掉进水井里去。其实小女孩没有明白，现在自己做的事情却是令人最担忧的。对于未来，我们何必胡乱揣测呢？

在这个世界上，忧虑是于事无补的行径。活在当下，我们最重要的，不是去看清远方模糊不清的东西，不是去担心尚未来临的麻烦，而是着手做好身边的每一件事情。

不要让坏情绪到处去"惹祸"

将一个乐观开朗的人和一个整天愁眉苦脸、抑郁难解的人放在一起，不到半个小时，这个乐观的人也会变得郁郁寡欢起来。道理很简单，悲观者将自己的苦闷、抑郁传递给了他，人的情绪就是这么的奇怪。情绪具有感染力，因此，我们需要及时调整好自己的情绪，不要让自己的坏情绪到处去"惹祸"了。

有这样一幅漫画：

一男孩儿被老师批评，心情很不好，在放学的路上遇到一只觅食的小狗，便狠狠踢了它一下，吓得小狗狼狈逃窜；小狗无端受了惊吓，见到一个西装革履的老板走过来，便汪汪狂吠；老板平白无故被狗这么一闹，心情很烦躁，在公司无缘无故对着他的秘书大发雷霆；女秘书回家后，越想越气，把怨气莫名其妙地一股脑儿全撒给了丈夫，两人大吵了一架，把陈芝麻烂谷子的事都抖搂出来；第二天，这位身为教师的丈夫（就是之前的老师）如法炮制，把自己一个不知进取的学生狠狠批评了一顿；挨了训的学生（也就是前面的那个小男孩）怀着恶劣的心情放了学，归途又碰见了那条小狗，二话没说又一脚踹去……

看过漫画的人都忍不住哈哈大笑，漫画用夸张的手法给我们展示了一条不良情绪的传染链。其实，我们每个人都可能是不良情绪的始作俑者，也都是不良情绪的受害者。只要期间的某个人可以控制住自己的情绪，这个恶性循环就不会再传递下去。

良好的情绪会带给周围人无尽的欢乐。如果我们仔细回想一下，一定能够想到许多因良好情绪而感染我们的例子。比如，小区的物业人员总是真诚、友善地和你道一句"你好""再见"之类的话语,你可能本来因忙碌而觉得心烦,但一听到他的问候、看到他的笑脸,你的内心也会绽放出一朵花来。许多经常来往的人的情绪会互相影响,也是基于这样的道理。但如果受坏情绪的传染,有时会带来毁灭性的灾难。

俄亥俄州大学社会心理生理学家约翰·卡西波指出,人们之间的情绪会互相感染,别人表达的情感,会引发自己产生相同的情绪,尽管你并未意识到自己在被对方的情绪感染。这种情绪的鼓动、传递与协调,无时无刻不在进行,人际关系互动的顺利与否,便取决于这种情绪的协调。

情绪的感染通常是很难察觉的,这种交流往往细微到几乎无法察觉。心理学专家做过一个简单的实验,请两个实验者写出当时的心情,然后请他们相对静坐等候研究人员到来。两分钟后,研究人员来了,请他们再写出自己的心情。这两个实验者是经过特别挑选的,一个极善于表达情感,一个则是喜怒不形于色。实验结果,后者的情绪总是会受前者感染,每一次都是如此。这种神奇的传递是如何发生的?

人们会在无意识中模仿他人的情感表现,诸如表情、手势、语调及其他非语言的形式,从而在心中重塑自己的情绪。这有点像导演所倡导的表演逼真法,要演员回忆产生某种强烈情感时的表情动作,以便重新唤起同样的情感。

研究发现,人容易受到坏情绪的传染,带着闷气、绷着脸回到家,看什么都不顺眼,这时,坏情绪便立刻在全家"惹祸",自此,全家连续几天都不得安宁。同样,在家里产生的坏情绪,也会被带到外面。这就像一个圆圈效应,以最先情绪不佳者为中心,向四周荡漾开去,这就是常被人们忽视的"情绪污染"。用心理学家的话说:"'情绪病毒'就像瘟疫一样从这个人身上传播到另一个人身上,一传十、十传百,其传播速度有时要比有形的病毒和细菌的传染还要快。被传染者常常一触即发,越来越严重,有时还会在传染者身上潜伏下来，到一定的时期重新爆发。这种情绪污染给人造成的身心损害绝不亚于病毒和细菌引起的疾病危害。"同样，你听同一首歌，在家听的感受与到演唱会现场去听，结果肯定是大不一样，因为你的情绪会受到现场的感染。认识到情绪这种特殊的"传染病"，我们就要重视它，并积极利用正面情绪，克制、舒缓负面情绪，这样才能拥有高效的品质，而这个品质是取得成功必不可少的。

与其一天到晚怨天怨地，沉浸在自己的诸多"不幸"之中，不如借由改变自己的情绪、个性来改变命运。没有人天生注定是不幸的，除非你自己已经将心门关起，拒绝幸福之神来访。千万不可做一个喜怒无常的人，让自己的心理状态完全被情绪左右，那样伤害的不只是别人，自己也会因此失去拥有幸福的机会。

第二章

愤怒会让你失去风度

"气死我了"是你的口头禅吗

生活中,很多人常常把"气死我了"挂在嘴边。公交车上被人踩了;买菜的时候少找了一块钱;被老板批评了;股票跌了……他们在遭遇这些烦心事后,常常会说一句"气死我了",仿佛这样就能消解心中的怨愤,殊不知这样一句"气死我了"不仅不能让烦恼消除,反而会使自己的心情更加郁闷。"气死我了"纯属消极的思想,要想生活快乐多一点,幸福多一点,我们必须远离"气死我了"这句口头禅。

我们都知道心理暗示,当你想快乐的时候你就能快乐,当你有意无意地生气时,坏事情也会真的随之而来,这些都是我们的心态造成的。当你把"气死我了"挂在嘴边并逐渐养成了这种习惯时,本不会让你生气的事情也会让你生气。所以,不妨经常说"今天我很开心""好高兴啊""天气真是不错"……

晓忆平常最喜欢说的一句话就是"气死我了",坐公交车上人多没座位,站了一路的她会说"气死我了";去市场买菜的时候,老板不肯降价,她会说"气死我了";下雨了自己忘了收衣服,她也会说"气死我了"。就这样,每天把"气死我了"挂在嘴边的她,无论在生活中遇到什么事情,都有让她生气的理由。

一天,在上班回家的路上,她被迎面而来的公交车吓了一跳,但是司机及时刹车,没有伤到她一丝一毫。此时的晓忆又说了一句"气死我了",结果晓忆一开口就一发不可收拾,愣是狠狠把公交司机骂了一顿。于是司机和她对骂,车里的乘客纷纷指责她耽误了自己的时间,司机在骂骂咧咧中开车走了。

气不过的晓忆站在路边骂了起来,结果被汽车溅起的水洒了满身。而晓忆也只好回家换衣服,不仅耽误了上班的时间,被扣了工资,还致使自己心情糟糕了很久。

在生活中,面对任何搅乱我们心境的事情,我们要学会控制自己的情绪,不批评、不抱怨,冷静地看待周围的事情,不被它感染,乐观向上地去生活。

多一点豁达,多一点宽容,愤怒的情绪便会像潮水一样退去。但是当你的内心被消极的情绪霸占,最终会害人害己。在悲观者眼中,玻璃杯永远不是半满的,而是半空的;天空永远是阴的,即使天晴也是为了酝酿下一场暴风雨。

小燕是应届毕业生,在这个城市,她好不容易过五关斩六将,被一家大型企业录用了。上班第一天,小燕早早起床,把自己收拾得漂漂亮亮就出门了。离上班时间还有一个小时,她就想去吃个早点。

正当小燕坐在餐桌旁用餐时,紧挨着她坐的一个小孩不小心碰倒了桌上的牛奶，牛奶全部洒在了小燕身上。小孩的母亲连忙道歉，并且拿纸巾不停地给她擦，无奈衣服上还是留下了斑斑点点的污渍。小燕非常生气，怎么上班第一天就遇到这种倒霉事！

回家换衣服上班肯定要迟到了。小燕越想越生气，担心同事们看到会有想法，担心领导会因此觉得她是一个粗枝大叶的人。到了上班时间，她忐忑不安地走进办公室，心烦意乱的她拿错了同事的文件，给领导倒水时溅了满桌子的水渍，慌乱中又摔坏了公司的电话……

小燕就这样在冒冒失失中度过了上班的第一天。下班的时候，想想自己一天中糟糕的表现，她恨恨地说道："气死我了，都怪这可恨的牛奶污渍。"

其实，人的心情不是受外界影响的，而是自己选择的。每天你都可以选择好心情，也可以选择坏心情。选择用积极思维去思考问题，你的内心也会变得平和安定，身边也会充满欢歌笑语。心态本就是掌控人生的遥控器，是开心还是生气，全凭你自己掌控。

咆哮并不能让人心服口服

回想一下，小时候，我们面对家长、老师近乎咆哮式的、疾风骤雨般的批评，我们是虚心接受知错就改呢，还是口服心不服呢？相信大部分人都是后者吧。小孩尚不能接受这种咆哮式的批评，更何况成年人呢？

对方犯了错已经是一个事实，你失望，你气愤，怒从胸中起，恶向胆边生，怒发冲冠，不可遏止，眼看一场不可预计的暴风雨就要来临了。其实我们冷静下来想想，你咆哮着批评，可以挽回错误吗？能让对方心服口服吗？

随着科技的迅猛发展，骗子行骗也不在大街上了，骗子行业也随着科技的发展延伸到了手机和网络上。这天江晨的手机接受了一条某电视节目的祝贺短信，短信中说江晨中了一等奖，奖金是20000元，只等着江晨上网验证呢，但是验证需要支付2000元钱。江晨在骗子的"甜言蜜语"中乐开了花儿，而等江晨的丈夫孙东林回家的时候，江晨早就给对方的卡上打了2000元钱。孙东林一听说这样的事，立马大声责备道："天哪，世界上真有人会相信天上掉馅饼的好事，你真笨得像头猪！"

江晨这才恍然大悟，意识到自己被骗了，被丈夫奚落了一顿后，心里特别气愤，饭吃一半也不吃了，就跑去房间玩游戏了。孙东林想想为2000块钱真是不值，批评也批评过了，骂也骂过了，就开始哄江晨吃饭："快吃饭吧，不吃饭哪有力气玩游戏呢……"还没等丈夫说完，谁知江晨拿起桌上的镜子，使劲儿往地上摔了个粉碎。这时，孙东林心里愤怒四起，他最烦别人生气时摔东西了，江晨自己错了，被人骗了钱还有理了，竟然还摔东西。孙东林越想越气："摔东西谁不会啊，你不是摔镜子吗？看看我摔什么。"孙东林看了一眼桌上的东西，抓起一部iPad狠狠地摔在了地上，"咣当"一声，iPad粉身碎骨，连孙东林自己都吓了一跳，但是江晨却没多大的反应。

于是孙东林更加气愤了："大家一起摔好了。"江晨还是无动于衷，还是在那儿默默地玩儿着游戏。孙东林见江晨还不认错，气红了眼，就走到江晨面前，一把夺过笔记本电脑，说着："叫你玩电脑！"电脑被摔得七零八碎……

对方明明做错了，你咆哮着批评，可是对方还是不认错，不道歉，这时我们就该自我反省一下，是不是我们自己的批评方式有问题。

其实，没有人愿意主动去生气，可我们还是经常会为小事而生气。在生气中，我们容易做出没有经过审慎判断的事。因此，生气时不少人把毁坏物品作为发泄的出口。生气引发一系列连锁反应，暴跳如雷、破口大骂、大打出手都是不理智的。人在充满愤懑情绪的情况下，会出现一些欠思考的行径。

李毅在公司一直担任技术骨干，一次公司在面临经济危机即将倒闭的时刻，李毅用自己精湛的技术研发出一种新产品，让公司从此走上康庄大道。李毅从此平步青云，由一个技术部骨干晋升为公司的高层主管。

可是李毅这个人呢，因为性子有点急，脾气有点古怪，常常突然大发雷霆，对下属大发脾气，不会好好地处理领导与下属之间的关系。当上了领导以后，李毅也不愿意去学管理学、交际学，更是觉得公司因为自己而起死回生，一直在公司里摆出趾高气扬的姿态。

一次，因为副经理想调动几个员工的职位，在公司重要的一个会议上，李毅对副经理破口大骂，那近乎咆哮式的批评，使那位可怜的副经理处于很难堪的境地。副经理原本只是想提拔几位和自己稍有裙带关系的技术骨干，本来也是人情使然，现在在这么重要的会议上，李毅让自己下不了台，于是一直怨恨李毅。

一个礼拜之后，副经理便带着他的几个技术骨干另谋高就去了，这对公司来说是一个不小的损失，公司刚刚恢复正常运行，怎么能少得了那么重要的技术人员呢？公司高层最终决定，李毅退回技术部继续做技术骨干。

人无完人，工作中的员工免不了犯错误，因此，领导批评员工一定要注意场合、注意语气，否则，你的批评有可能伤害对方的自尊心，让对方以为你是有意让他出丑。这样，你批评他并想让他改正错误的目的就很难达到。

著名教育家马卡连柯说过："批评不仅仅是一种手段，更应是一种艺术，一种智慧。"批评不是让对方去怨恨我们，所以我们要创造一种和风细雨式的批评环境,这种润物细无声的教诲,会让你收到意想不到的效果。

贺磊是一家装潢公司的主管,熟读《孙子兵法》,对驭下之道有自己的看法。

每当贺磊发现有人工作态度欠佳,或者是出差错时,不会当面严厉地批评,而是在下班后把下属叫到办公室,然后平静地问他:"最近你家人还好吗?没有什么令人担忧的事情吧?在我的印象里,你一直都是工作热情高、技术不错的人,把工作交给你,我很放心,希望今后你能再接再厉。"

听了他的话,员工们一般都羞红了脸,于是非常诚恳地跟贺磊道歉,在以后的工作中也更加尽心尽责。贺磊就是运用这种策略,把他自己负责的部门管理得秩序井然。

面对犯错的员工,就像这位聪明的主管一样,我们根本用不着去训斥对方,而是应该委婉建议,给批评包上"糖衣",从而让对方知错改错。这样既照顾了对方的面子,又鼓励了对方,还为自己赢得了好名声,而对方改错的效果更是立竿见影。

以怒制怒的悲剧

世界很大,生活中的小摩擦在所难免。上班途中,别人不小心撞到了你,踩你一脚,你完全可以拍拍灰尘也就算了。如果你个性强势,得理不饶人,随即脱口一句脏话回敬对方,若是刚好对方也是气盛之人,双方就免不了一场骂战了,轻者呈口舌之快,重者拳脚相加。本是高高兴兴地上班去,却因为早上受了一肚子的气,一天的心情就变得不好。在生活中,这样以怒制怒引发事端的事情还有很多。

陈升大学毕业以后，和同班同学一起应聘于北京一家食品公司，做产品营销，试用期是三个月。可是三个月过去了，陈升还没有接到正式聘用的通知，而陈升的同学却早在一个礼拜前就签了就业协议，成了公司正式的员工。自己呢，不仅没有签合同的势头，而且还被领导处处刁难，交给自己根本不可能完成的任务，简直是太不公平了。

这天，领导责怪陈升没有把任务做好。陈升再也受不了了，一怒之下愤然提出辞职。领导压下心中的怒火，请陈升仔细考虑一下，可是陈升越发气愤，说了很多对公司、对领导抱怨的言词。

于是领导失望地告诉他事实，其实公司不但已经决定正式聘用他，还准备提拔他为小组组长。但是现在陈升这么沉不住气，真是太令高层失望了，公司无论如何也不能再用他了。

走出公司大门，涉世未深的陈升终于明白了，因为自己的不理性而白白地丧失了一个好机会。

若是你一大早就因为工作出色被领导表扬了一番，并且得到了加薪的承诺，那么想必你的心情一整天都会愉悦。但若是你刚进公司就被领导劈头盖脸地批评了一顿，那么你的心情就会烦闷。

人与动物的最大区别就是智力发达、情感丰富。所以，我们要用理智来控制情绪，否则，不仅伤害到了别人，更会给自己带来无尽的麻烦。以暴制暴，以怒制怒，不仅达不到自己所期待的效果，反而会适得其反。

快到端午节的某天早上，刘新和老婆商量给在老家的父母包个红包，刘新认为自己就过年才回一次家，所以想包5000元，而刘新的妻子觉得最近手头有点紧，3000元足够，两人为此争吵不休。

最后，刘新摔门而出，在上班的路上总觉得看什么都不顺眼，心情糟糕透顶，一直想着，妻子怎么这么不理解自己呢？

刘新气呼呼地来到了办公室，却看见销售部的张经理正和下属们聚在一起有说有笑。于是刘大主管（刘新）的脾气一触而发。

"张志勇，公司请你来做事，还是请你来讲笑话的？"（平常都叫"张经理"，现在是直呼其名，可见刘新真生气了）

"老大，我是在安排今天的工作。"张志勇委屈地辩解道。"老大？什么老大？你以为这里是黑社会啊？"刘新对着张志勇越吼越凶。张志勇为自己莫名其妙地挨批而非常生气，想想自己在外面累死累活地做事，在公司还要受这样的气，这哪里是人过的日子？于是，就和刘新争吵了起来。气焰越来越凶，同事们怎么劝也劝不开。

后来，张志勇觉得这领导简直不可理喻，一气之下辞职走人，而刘新也从此失去了一个得力助手。

在平时的生活、工作、处事中，我们凡事要想远点，度量大一点，退一步海阔天空。面对暴怒的对手，以怒制怒不可取，那样可能会酿成难以想象的悲剧。我们如果抱着"宰相肚里能撑船"的心态就能轻松应对，不然只会让自己卷入愤怒的旋涡，无法高效做事。

声嘶力竭又如何

专家建议的股票跌了；因合作伙伴的暗中作祟生意失败了；被老板炒了鱿鱼；邻居家的狗把孩子咬伤了……假使你遇到这些情况，你会有发疯的感觉吧。面对这些惨不忍睹的情况，很多人常常会怨天尤人，或者与对方好好地干上一架，以解心头之恨。

我们不难想象，在愤怒的情况下，人特别容易失去理智，因此往往会造成无可弥补的伤害。在面对突发事件时，我们一定要保持冷静，学会稳定自己的情绪，并且客观地做出分析，其实只要我们稍微忍耐一下，所有的事情都会轻而易举地找到解决方案。声嘶力竭又如何，最后不仅问题没有解决，还落得个两败俱伤。

五年前靳江去南方打工，算算时间，在深圳这家公司工作也已三年多了，他自认为没有功劳也有苦劳，但是好几次要求加薪都被公司拒绝，后来就产生了"此处不留爷自有留爷处"的想法，打算辞职跳槽。

这天，他去找领导商量辞职一事，不料被领导臭骂了一顿，认为靳江一会儿要加薪一会儿要辞职，这是打算要挟公司吗？靳江很生气，想着反正自己也不想在这公司干了，不如撕破脸皮，与老板大吵大闹起来。结果两个人都用最大的声音来辱骂对方，最后靳江被同事给劝出来了。走出领导的办公室，气急败坏的靳江顿时萌生了报复的念头。靳江回到自己的工作岗位后，将公司配给他使用的电脑砸坏，并带走电脑硬盘，幸灾乐祸地离开了公司，辗转到了另一家公司上班。一个多月后，他收到了原公司领导的起诉。

有些人生气时喜欢毁坏物品，如果物品是自己的，等气消的时候还得花钱再买。如果是别人的东西，那就不仅仅只是花点钱的问题了。所以，对他人声嘶力竭的时候，最好冷静一下想一想，声嘶力竭又如何？会不会带来什么不必要的麻烦？所有的利弊都考虑清楚了，还能吵得起来吗？

自从两年前举家由大连迁到北京后，林威原以为一家人的日子会越过越红火，但没想到因为孩子的教育问题，自己和妻子频繁地吵架，夫妻关系日益恶化。虽然在北京这座大城市里，工资水平比以前高了，生活条件也比以前好了，可林威却找不到以前的快乐了。

一天傍晚，林威像往常一样心急如焚地等着儿子回家，并不由自主地埋怨妻子太溺爱孩子，所以导致孩子现在越来越叛逆，越来越不听话，学习成绩也直线下降。

妻子辩解道："孩子不爱上学只是我一个人的错吗？你关心过

第二章　愤怒会让你失去风度

孩子吗?"

林威听妻子这样说,顿时火冒三丈:"我辛辛苦苦在外面打拼,养家糊口,你就不能把孩子管好一点?"

妻子也不示弱:"那以后孩子你看吧,我来工作。"

吵架的声音越来越大,夫妻俩谁也不让谁,都开始声嘶力竭,连邻居都来劝架了,儿子从外面回到家,一见父母吵作一团,也知趣地躲进屋内。

后来,妻子一气之下回了老家大连,而林威在北京一个人带孩子实在是吃不消了,他想让妻子回来,可是妻子那边还生着气呢。

家是一个让人感到温馨的地方,为什么夫妻二人非得吵架呢?既然在一起,就好好生活吧。生气和吵架并不能解决问题,反而会招致严重的后果,使感情出现裂痕甚至完全破裂。

都是生气惹的祸

走过弯路,我们才知道通往目标的捷径;犯过错误,我们才明白人一辈子犯的错误往往是由生气导致的。生气让我们情绪失控,失去理智,铸成大错,从而做出一些回过头来会后悔不迭的事情,而这样的事情不仅给别人带来了伤害,到头来,也伤害到了自己。有人说过,如果我们的人生可以重来,那么每一个人都可以成为伟人。

小雅是一名护士,在当地的中心医院工作。

有一天,小雅上班刚到医院发现钱包不见了,回想起来,早上乘公交车的时候,有一个人撞了她一下,这下,小雅明白了那人肯定是小偷,偷走了自己的钱包。钱包里钱虽然不多,但是身份证、银行卡都在里面,一一补齐很麻烦。小雅又气又急,于是工作起来没有精神，上班的时候心情烦躁。

那几天正是处暑，中暑的人特别多，所以医院病人多，特别忙，又很吵。年轻的小雅越发烦躁，脾气变得暴躁极了，还和病人发生了口角。事后护士长很严肃地批评了她，并给小雅记了大过。

小雅回到家后，发现自己的钱包好好地放在书桌上，原来自己早上出门根本没有带钱包。小雅开始反省，其实错的真的是自己，带着情绪上班本来就是失职的表现，带着坏心情做事，怎么能做好呢？而自己居然还跟病人发生口角，真是太失职了。

喜欢生气的人是世界上最傻的人，人一生气，就会说傻话，做傻事。人只要生气了，对自己好的话偏不说，对自己不好的话却偏要说。人只要生气了，对自己好的事偏不做，对自己坏的事却偏要做。如果我们都凭着心情好坏来做事，无论在工作上还是生活上，恐怕很多事都会被我们弄得一团糟。为什么呢？因为都是生气惹的祸。

生活中的事情时刻影响着我们的情绪，如果我们都按照自己的情绪去做事，那办事的质量也要大打折扣。所以，当坏情绪来临的时候，请努力转移一下视线，想想那些开心的事，不让坏情绪影响到我们正在做的事情。

若是面对困难，因为你今天的坏情绪而处理不好，那岂不是所有的麻烦都会接踵而来。所以，任凭自己情绪的好坏去支配事情是缺乏理智的。我们要懂得如何调控自己的情绪，只有管理好自己的情绪，才能做高效的自己。

人一辈子犯的错误，往往是因为生气。生气是魔鬼，所以，远离生气这个恶魔吧。因为它不仅解决不了事情，还会搅乱我们的生活。

生气不如争气，变不利为有利

某些时候，有人会觉得自己倒霉透顶，于是，嘴里骂着、心里恨着。其实生气是没有用的，改变不了现状，倒不如想着如何变不利为有利。

生活中，我们感受周围的事物，形成一种观念，作出判断，无一不是由我们的心灵来进行的。然而，不好的情绪常常折磨着我们的心灵，使我们做事时出现种种偏差。那些能取得成就的人往往是能驾驭情绪的人，而经常败得一塌糊涂的人通常是被情绪驾驭的人。

一个不知名的青年歌手，满怀信心地将自己的录音带寄给某位知名制作人，然后，他就开始日夜拿着手机等候回音。第一周，他因为满怀期望，所以情绪极好，逢人就大谈抱负；第二周，他因为情况不明，所以情绪起伏不定，烦躁不安；第三周，他觉得前程未卜，所以情绪低落，闷不吭声；第四周，他因为期望落空，所以情绪坏透了，手机铃响后拿起电话就骂人，没想到电话正是那位制作人打来的，而他也因此而自毁前程。

很多时候，我们就像这个青年一样，在生气发怒时丧失了很多机会。人生本来就不是一帆风顺的，在生气的时候我们应该强迫自己控制好情绪，不要让它影响我们的正常生活和工作。

在生气的时候，我们要学会进行情绪转换，掌控好自己的情绪，变不利为有利。

被称为"世界剧坛女王"的拉莎·贝纳尔，在一次横渡大西洋途中突遇风暴，不幸在甲板上滚落，足部受到重伤。当她被推进手术室，面临截肢的厄运时，她突然念起了自己所演过的剧中的一段台词。记者们以为她是为了缓解一下自己的紧张情绪，可她说："不是的！是为了给医生和护士们打气。你瞧，他们不是太紧张了吗？"

威廉·詹姆斯说："完全接受已经发生的事，这是改变不幸命运的第一步。"接受无法抗拒的事实，既然是第一步，那么有没有第二步？有。拉莎手术圆满成功后，她虽然不能再演戏了，但她还能演讲。她的演讲，使她的粉丝再次为她而鼓掌。

拉莎·贝纳尔在面对无法抗拒的灾难时，跳出焦虑的怪圈，调整了自己的情绪，又踏上一个新的里程，并继续努力，依然得到了别人的肯定。

任何人遇到灾难，情绪都会受到影响，这时一定要控制好情绪。面对无法改变的不幸或无能为力的事，抬起头来，对天大喊："这没有什么了不起，它不可能打败我！"或者耸耸肩，默默地告诉自己："忘掉它吧，这一切都会过去！"

情绪是可以调适的，只要你操纵好情绪的"转换器"，随时提醒自己、鼓励自己，将生气转化为动力，才能改变境遇，闯出一番新的天地。

当你心情烦躁的时候，可以散散步或听听音乐，把不满的情绪发泄出来或转移，尽量使自己的心境平和，在平和的心境下，情绪就会慢慢缓和；或者用繁忙的工作或通过参加有兴趣的活动去补充、转换。

与其埋怨自己命不好，狠狠地诅咒、骂人，倒不如转换情绪，让自己平静下来好好想想，如何将不利变为有利。

生闷气是一件划不来的事情

有一种人喜欢把气发泄出来，撒在别人身上，于是城门失火，殃及池鱼，身边的人便成了他们的受气包。另外一种人，喜欢对自己发脾气，把气憋在心里，和自己过不去，自己折磨自己。殊不知，生闷气是一件划不来的事情。

我国古代医书上就写着"百病之生于气也"。不愉快的情绪可以使人体内分泌系统失常，使人胃口不佳，消化不良。长期烦闷苦恼，还会导致人的血压升高，记忆力减弱，这样必然会影响工作和学习。如果你生别人的气，却独自一个人生闷气，这样并不会伤害到让你生气的人，反而是让闷气折磨到了自己，何苦呢？

刘玲是一位白领，在一家外贸公司经过五年的摸爬滚打，终于担任重要职务，处理起日常事务来，也是驾轻就熟、游刃有余。可是最近，刘玲感觉到压力太大。

原来去年年底，部门来了一位年轻的女同事，她有活力、有想法、有冲劲，很快得到了公司上下的认可，结果用了短短的一年时间，居然升到了与刘玲同样级别的职位，而刘玲发现自己渐渐地不再受领导重视了。因此，刘玲一到公司就觉得心烦抑郁。

由于工作上不顺心，刘玲想把心里话说给丈夫听，可是丈夫太忙，夫妻俩好久没有好好地促膝长谈了。这样一来，面对工作上的压力和生活中的烦恼，刘玲就常常把自己关在屋子里生闷气。上个月，刘玲总感到头晕目眩，还感到胸闷。于是刘玲到医院检查，身体却无恙。医生询问了刘玲的情况后，就给她开了一个心理处方：头不晕胸不闷，生闷气要不得。

爱生闷气是个很不好的习惯，不仅影响我们的情绪，更会影响我们的健康。我们平时生活安逸，舒适惯了，所以稍遇一点儿小波折就经受不了，于是被苦恼缠住，不得解脱。困难来了，如果我们毫无心理准备，那么就只有苦恼生气和叹息的份儿了。性格内向的人尤其爱生闷气，遇到不顺心的事常常郁积于心，不肯向人吐露，让自己陷于苦闷之中而不能自拔。

患得患失，得也忧，失也忧，进也忧，退也忧，一天到晚忧心忡忡。同样是一天，别人开开心心，我们为什么要无事觅闲愁呢？

钟宁的女友小洛很喜欢生闷气，生气的时候板着脸，嘟着嘴，一言不发，让她吃饭也不吃，让她出去散心也不去，钟宁苦恼极了。其实小洛生气的原因都是工作和生活上的琐事。

钟宁是一个碰到问题就希望马上讨论，找到解决办法的人。小洛则与钟宁相反，一碰到困难就闷闷不乐，心情不好时一切就都变得不好。钟宁在小洛生气时就开始劝她，劝不动时就变得不耐烦，于是小洛就更生气了。

小洛叫钟宁在她生气的时候不要管她，任凭她生气，过一阵她就好了。但是常常发生他们明明约好出去玩却因为她生气而泡汤的事情。而且，钟宁觉得自己总不能在她高兴的时候招之即来，生气的时候挥之即去吧。

这天，小洛回到家时又是一脸的不高兴，钟宁知道小洛肯定又在外面受气了，现在心里堵着气呢。钟宁本想任由小洛一个人生气好了，但一想到总不能让小洛一直这样下去吧，就打算开导开导小洛。经过询问才得知，原来，今天小洛被她的领导狠狠地骂了一顿，而这根本不是小洛的错，小洛说这话的时候，泪眼婆娑。

钟宁安慰道："亲爱的，这是你领导的错，不是你的错。可是事情既然已经发生了，就不要再多想了，再想也无济于事，总不能让你的领导给你赔礼道歉吧。再说，你生闷气，不仅不能让你那不分青红皂白的老板发现自己的错误，反倒会给自己心里添堵，多不值。"

生闷气是一件划不来的事情。我们常因小事而生气，坏了心情，坏了事情，坏了健康。细细一想，这实在是一件很愚蠢的事情。我们常为一点儿小事生闷气，没有让"折磨"我们的人发现自己的过错，反而气倒了自己，给自己添堵。其实，遇到不愉快，我们不妨换个角度看问题。既然改变不了事情，就改变心情吧，千万不要钻牛角尖。在你生闷气前，可以找个好朋友聊聊，或者外出散散步，看场电影，做做运动，这样心情会好一些。只要我们想明白了，一切就都顺利了！

发脾气之前，从 1 数到 10

有个小孩对母亲说，妈妈你今天好漂亮。母亲惊喜地问为什么，小孩说，因为妈妈今天都没有生气。原来，想要拥有漂亮很简单，只要不生气就可以了。

对于我们来说，"生气"已然是生活的一部分，就像空气一样。人非圣贤，没有人能保证自己不生气。生气是一种非常大众化的感情。不管是男人还是女人，孩子还是老人，富人还是穷人，文盲还是大学教授，也不管什么民族，有没有宗教信仰，任何人都会受到生气的困扰。其实，我们可以反过来想一想，生气真的有必要吗？生气能解决问题吗？然后在火山爆发之前，冷静下来，从 1 数到 10，你会惊讶地发现，你生不起气了。

曹老师是一名光荣的人民教师，职业品德告诉他，要把诲人不倦的精神从工作带到生活。

曹老师每一次和妻子产生争执时，不管错在谁，曹老师在心底深处第一时间认定错的是对方，因此开始用三寸不烂之舌对她说教，但妻子的反应总是沉默。见到妻子沉默，曹老师又不厌其烦地与妻子沟通，同时希望妻子知错能改。

那时候的曹老师还真佩服自己懂得如此多呢！常常一说就是两三个小时，而且还觉得这只是一种沟通。妻子却一句话都不说，这让曹老师觉得她是不用心或不想沟通。因此说到最后，曹老师越说越气，气愤做错事情的她怎么都不诚心认错呢？

这次，气呼呼的曹老师选择离家出走，跑到书店去看书，让妻子在家好好想一想，反省自己的过错；同时，心里却静待她的道歉电话打来。

但是等着等着，曹老师却越来越生气，怎么连一通关心的电话都没有打来？这时候的曹老师更火大了，书也不看了，就马上回家继续跟妻子讲道理，讲到曹老师自己都累了，想睡觉了。这样只好两人各自沉默入睡。而问题，还是没有得到解决。

两个人相处中，磕磕碰碰在所难免，就算是舌头和牙齿还常常打架呢。相爱的两个人之间，有什么不能原谅的呢？有什么值得生气的呢？即使对方再有错，咽下这口气，从1数到10，不就行了吗？

人的一生也一样，不可能事事如意样样顺心，总有许多的沟沟坎坎。如果抱着一颗怀才不遇之心愤愤不平，就难免心力交瘁。你的一念之差，一时之言，也许会被别人加以放大和责难。如果非得以牙还牙拼个你死我活，只会导致两败俱伤。适时地咽下一口气，潇洒地甩甩头发，悠然地轻轻一笑，你会发现，天仍然很蓝，生活依然很美好。

那是孙铭鸿来实验小学的第一周，周三的早上，年轻的孙铭鸿孙校长第一次召开校务会议。面对这位书生气极为浓厚的校长，会议开始了，可下面的老师还在窃窃私语，而目光却不时地瞟向这位年轻的校长。是的，老师们在试探这位新校长，如果他大发雷霆、火冒三丈，那么他就低估了老师们的"反抗力"了，从此与他"势不两立"；如果校长毫不介意，沉默不语，那么今后老师们都落得自由自在。

那天，敏锐的孙校长早已感受到下面老师们的"挑衅"了，他停止了说话，待到全场安静时，他说："台下一位穿花裙子的老师，虽然我不知道你的名字，但我可以告诉你，我已经记住了你，你很活跃很出色，今年的六一演出真是要拜托你了。"然后，孙校长继续讲话，但此时的台下已鸦雀无声。

孙校长说的一番话看似云淡风轻，但却威力无穷。他的表情没有任何不满，甚至是愉快的，但在场的众多女教师面面相觑。接下来的会议当然开得很顺利，老师们都认真地做笔记。

会议后，教导处主任问孙校长："您当时怎么不生气呢？那帮家伙纯粹是不把您放在眼里啊！"

孙校长说："有什么好生气的呢？都是同事，以后还要仰仗他们好好出力呢！"

正所谓：凡是英雄，都胸怀大志，腹有良策，有包藏宇宙之机，吞吐天地之气。人之所以烦恼，皆因觉得咽不下这口气，想争这口气，遇事不肯让他人一步。其实，这是愚蠢的做法。面对挑衅、面对暴怒而不生气是一种境界，是经历人生跌宕起伏之后对世俗的一种轻视，是运筹帷幄、成竹在胸、充满自信的一种流露。每个人都想控制住自己的脾气，可是能做到的人却很少。如果做不到的话就让脾气来得慢一点吧，最好的办法就是：当你准备发脾气时，深深呼吸，从 1 数到 10，让自己冷静下来。

从现在开始，多做深呼吸，放松心情，这样就能不再因生气而伤害到别人。

第三章
为他人的错误埋单不值得

生气为百病之长

调查显示，80%的溃疡患者有情绪压抑的病史，急躁易怒者易患高血压、冠心病，自卑、精神创伤、悲观失望者易患癌症。

另外，生气也是一种不良情绪，"气为百病之长"。其实生气有很多坏处：

1. 生气会在无意中伤害无辜的人，有谁愿意无缘无故挨骂呢？而被骂的人有时是会反击的。大家看你常常生气，为了怕无端挨骂，所以会和你保持距离，你和别人的关系在无形中就拉远了。

2. 偶尔生生气，别人会怕你；常常生气，别人就不在乎，反而会抱着"你看，又在生气了"的心理，这对你自己的形象也是不利的。

3. 生气也会影响一个人的理性思维，使之对事情作出错误的判断和决定，而这也会成为别人对你最不放心的一点。

4. 生气对身体不好，不过别人是不会在乎这点的。

总之，生气只会给我们带来坏处，不会带来好处。所以，学会控制情绪是我们高效做自己的要诀。世上有许多事情的确是难以预料的，人与人的相处也难免会有磕磕碰碰。人的一生犹如繁花，既有红火耀眼之时，也有暗淡萧条之日；人与人相处，既可能如亲人一样互敬互爱，也可能如敌人一样发生炮火相向。但是，不管我们面对着怎样的境遇，都要尽量保持自己的风度，既不要自暴自弃，也不可盛气凌人。

赶紧停止无谓的生气吧

明明事情可以很顺利，就是因为签证的人一直不签，才拖延了出国行程；明明这次合作可以很顺利，就因为会议上那个不懂事的新员工的一句话，项目谈崩了；明明我今年可以评上先进，却被领导那无德无才的亲戚占了名额；明明这个月我可以拿到奖金，都怨那倒霉的同事把我们一小组的人都拖累了；明明今天可以不迟到，都怪男友非得跑老远喝豆浆，害得我迟到半个小时……

我们常常生别人的气，责备对方为什么在关键时候掉链子。

在古印度，婆罗门是贵族，地位高高在上。有一天，一个婆罗门突然闯进佛陀的竹林。他很愤怒，因为很多同族的人都出家到佛陀这里来了，劝也劝不住，而他一点儿也没有看出佛陀有哪一点儿好。于是这个婆罗门对佛陀破口大骂，恨不得立刻把佛陀骂上西天成就他的极乐世界。

佛陀默默地看着婆罗门无理取闹，等他闹够了，对他说："尊敬的婆罗门大人，你家经常有客人吧？你会款待你的客人吗？"

"当然，当然，你为什么这么问？"婆罗门很不耐烦。

"假如你的客人不接受你的款待，那么这些菜肴将会是谁的呢？"

婆罗门说："要是他们不吃的话，只好再归于我了。"

佛陀微笑着说道："所以，你在我这里说了很多坏话，但是我可以选择不接受它，你的羞辱谩骂就归于你了。"

"以怒制怒，是一件愚蠢的事情。以德报怨，不但能提高自己，也能感化他人。"佛陀打算开化这个婆罗门。

这个原本愤怒的婆罗门经过此番教诲，心悦诚服，也在佛陀门下出家，修成阿罗汉。

生气是拿别人的错误来惩罚自己。别人做错事了，因为关系到你的利益而惹你生气了，可是别人并不一定会对你的生气在意；而让他因为你的生气而承认错误和改正错误，更是一件难事。气伤肝，生气的你却要因为生气而心情不佳，甚至吃不下、睡不着。这样细细想来，生气实在是一项不划算的交易。

世界杯足球赛的时候，高峰和几个哥们儿一起去朋友家看球。好几个人一起看球赛的感觉真是过瘾，为喜欢的球队一起呐喊、一起欢呼。

朋友看球的时候喜欢抽烟，朋友的妻子把一条烟放在茶几上。直到球赛结束，高峰一看，哥们儿几个已经抽了整整五盒烟。屋里早已经乌烟瘴气了。朋友的妻子也一直陪着他们看球赛，她被烟熏着了，有点咳嗽，就打开了窗户，让新鲜的空气进来，一股新鲜空气灌进来，屋里感觉好多了。

高峰觉得很奇怪，便问："嫂子，你怎么不管管哥抽烟呢？"

"我知道抽烟危害大，"朋友的妻子微笑着说，"但是，我知道抽烟能让他快乐，抛除烦恼，那么我为什么要阻拦？我宁愿让我丈夫快快乐乐地活到60岁，而不愿意他痛苦不快乐地活到80岁。毕竟，他的快乐是我最大的心愿。"

高峰后来再看到这个朋友的时候，他已经成功戒烟了。

高峰一问原因，朋友憨笑着说："她能为我的快乐着想，我也不能让自己提前20年离开她呀。"

这个妻子是聪明的，她用自己的宽容和大度谅解了男人的坏习惯。面对丈夫的恶习，她没有生气，反而用自己在生活中的小细节为家人创造了一个更加清新的环境。

现代医学研究发现，倘若一个人生气十分钟，他所耗费的精力，绝不亚于参加了一次3000米的赛跑。别人犯了错，为什么需要你去生气呢，这岂不是拿别人的错误来惩罚自己吗？对方是这样一个值得你因为他的错误而让你去跑3000米的人吗？或者你跑了还不止3000米吧。所以，赶紧停止无谓的生气吧。

适度宣泄，有原则地发怒

当你脾气爆发的时候，你有没有发现你成了自己愤怒情绪的受害者，你的情绪开始失控，你的心情无比低落，你睡不着觉，你吃不好饭。

其实，当生活让你失望时，你可以选择各种应对方式。就像你选择穿哪件衣服，早餐吃鸡蛋灌饼还是包子，或者今天下午什么时候去散步。同样，你也可以选择怎样表达自己的愤怒。你可以选择把愤怒推迟到明天，也可以选择把昨天的愤怒丢在昨天。请记住，生气的时候，不要被情绪牵着鼻子走，你可以选择有原则地发怒。

该发怒时发怒，并且控制住自己，不当着外人的面发怒，是一种修养。这种克制与冷静，让人感觉到了理智的威力。

在日常与人交往时，我们经常会遇到一些正在发脾气的人。最近美国科学家所公布的一项研究结果表明,当人发脾气时,情绪的宣泄有利于身体健康。所以,偶尔发发脾气,偶尔有原则地发怒吧。

小雯最近被丈夫气疯了,每天丈夫都回家很晚,最可恶的还是醉醺醺地回家。要不是有几次小雯出门去接他,他早就摔进小区正在维修的那个臭水坑了。而且,丈夫一直以来都是个沉默寡言的人,现在真不知道发生什么事情了,导致丈夫天天这样。

这天已经半夜十二点了,小雯哄完孩子,早就睡了。丈夫这一礼拜的晚归,她已经熟视无睹了。突然,门外传来了敲门声,小雯想,这人怕是醉得连门也不会开了吧。

小雯气呼呼地开门,发现原来是丈夫的同事小李扶着醉醺醺的丈夫。小雯当着外人的面也不好发作,只好把丈夫扶进了屋子,对小李说:"谢谢你,这么晚麻烦你了。要不吃个夜宵再走吧。"

本来是一句客气话,不料丈夫却拉着小李进了门,打开电视机,坐在沙发上看起球赛来。小雯见小李被丈夫拉住了,更是火上浇油。但当着外人面只好给足丈夫面子,去厨房给他们两个大老爷们儿煮饺子去。

终于,凌晨一点了,小李也回家了。小雯终于爆发了,用拳头拼命地捶打丈夫。丈夫这时候酒也醒了,连忙对妻子道歉,哄着小雯睡觉去了。

第二天,丈夫早早地回家了,满面春风地对小雯说:"公司里现在都在传我有一个善良、懂事、贤惠的好老婆。"

聪明的人不因为别人发怒便怒不可遏,智慧的人发怒看准时机。愤怒也有价值,用得得当就是积极的情绪。芝加哥某银行董事会会长说:"如果某人发怒,我总觉得对于我自己的地位反而有帮助。"

当你想发怒的时候,记住,你要有原则。有时候压制怒气,反而增加自己的紧张和抑郁感。有发则地愤怒并不是压迫愤怒,而是把愤怒引导为一种有益的行动。

别人的评价，不要看得太重

生活中，我们常常听到这样的评价："你今天的气色怎么不好啊？""这么重要的场合你穿这衣服是不是不合适？""这么简单的工作你怎么就做不好呢？""这样糟糕的创意是不适合我们此次的主题的"……

有时候别人的评价不是很客观，或尖酸，或刻薄，更有甚者，他们的评价是违背事实，与现实大相径庭的。这时候，我们必然会感到不公和委屈。强者据理力争，弱者只好委曲求全了。

有一位默默无闻的音乐指挥家，在参加一次音乐大赛的时候，原本顺畅无阻的乐谱中却突然出现一个不合拍的小节。开始他安慰自己是乐队演奏的问题，于是就停下来重新演奏，可是不和谐的音符还是存在。在这么重要的比赛中，他犹豫了，是继续演奏下去，还是向评委老师们指出错误呢？

考虑了一会儿后，他向全场的评委老师和观众提出了异议，可是评委老师却告诉他，乐谱肯定没有问题。面对全场音乐大师和权威人士的否定还是坚持了自己的想法，冒着被取消比赛资格的危险还是指出乐谱的错误："各位老师，肯定是乐谱错了！"

不料他的话刚说完，评委席上的老师们竟然全都站了起来，并为他热烈地鼓掌。原来这个不和谐的乐谱竟是评委老师们精心策划的一个"陷阱"，以此来考验所有来参加比赛的音乐指挥家是否有精湛的专业技能，更重要的是考验他们是否有勇气提出乐谱的错误。

其实在他前面的指挥家也发现了乐谱的错误，只不过在这样严肃而重要的比赛中却没有勇气提出异议。这位优秀而具有胆识的指挥家却对自己充满了自信和勇气，指出了乐谱中的错误，最终摘取了比赛的桂冠，更是成为世界闻名的音乐指挥家。

孔子曰："人不知而不愠，不亦君子乎。"这句话的意思是说，别人并不了解你，所以导致误解你，否定你，随意评价你。尽管如此，你也不能因此而生气，不能以同样的态度对待别人，做到了这一步，你就能成为"君子"了。

最近，大学毕业一年的马健碰到了一件这样的事情。由于马健的业务成绩突出，并被公司上层领导赏识，他从技术部门被调到了业务部门。但是因为马健在原来部门还有一些事情没有交接完，所以常常奔波于两个部门。

每次马健在原来的部门碰见原来的领导，他向领导问好时，领导总要说："小马啊，现在才来上班啊？""小马啊，你迟到了吧！""小马啊，明天早一点过来啊！"其实每天马健都是先到新的部门报到的，处理完一些必要的事情，然后再到旧的部门，所以会让领导误会了。每次听到领导这么一问，马健就觉得特别委屈，于是常常解释说："我挺早就到了，刚刚已经到业务部门处理一会儿事情了。"而领导也会反驳："我看你分明是在撒谎，你明明迟到了！"

马健厌倦了每天的解释。一天早上，当领导再次指责马健迟到时，马健就说："随便你说，迟到也好不迟到也罢，都是我的事情！"领导当时就哑口无言，后来直到马健完全处理完以前部门的事情搬到了新的部门，就再也没有听到领导指责他的话了。

美国心理学家帕萃丝·埃文斯在《不要用爱控制我》一书中说道："人们评价我们实际上是在假装知道我们的内心世界，是在对我们的精神边界进行攻击。如果接受这些攻击，我们会暂时迷失自我，屈服于别人的控制。当有人评价你时——好像他们就是你一样。注意，他们正在试图控制你。"

别人的评价，不要看得太重。别人如何看你不代表你自己的看法，别人的否定也不意味着你的失败，别让他人的想法取代了你对自己的认识，因为只有自我的肯定才是生命之中的重心。

有谁可以做到人人喜欢呢

做任何事情，我们都想取得家人的支持、朋友的理解和同事的赞许，这是正常的。可是在现实生活中，我们往往会发现，获得所有人的肯定几乎是不可能的。

袁欣喜爱画画，从小到大获得过大大小小无数荣誉。现在她是艺术学院国画班的学生了，由于画技出众，她担任了学校国画社的社长。袁欣对自己的画技要求很严格，每天都潜心画画。大二那年，袁欣想画出最令人满意、最令人称赞的国画。

于是，袁欣每天把自己关在画室里画画，甚至连吃饭也是在画室里解决的。可是一个月下来，袁欣还是没有画出满意的作品，她觉得人们肯定不喜欢她的国画，于是袁欣去请教老师，怎么才可以画出一幅让人们赞叹不已的国画。

老师什么话也没有说，让袁欣过两天画两幅一模一样的画出来。老师让袁欣拿着其中一幅画去青年艺术区展出，边上搁上一支笔，并在画上写道：谁可以指出画中的欠佳之处，请圈出。

第二天，袁欣一脸沮丧地带着满是圈圈点点的画来找老师。老师微笑着没有任何评价，只是让袁欣带着另一幅同样的画继续展出，边上仍旧放一支笔，但这次却在画的一边写道：谁可以指出画中最妙的一处，请圈出。

结果令人惊喜的是，昨天被人们否定批判的画，一下子都写满了赞美之语。袁欣明白了老师的良苦用心，也明白了一个道理，不管我们做什么，不要期待所有人的喜欢，努力了就行，做好自己才是最主要的。

有谁可以做到人人喜欢呢？就算是沉鱼落雁、闭月羞花的大美女也未见得是人见人爱啊！男人喜欢，女人未必喜欢。如果你柔弱，会有人喜欢你的弱柳扶风、性格随和，但也有人厌恶你性格懦弱、担不起事情。如果你性格刚强，有人欣赏你做事干练，也有人会反感你的强势。同样在职场中，假如你工作能力强，又有亲和力，不仅能得到领导的赏识，也赢得了大多数同事的赞誉，可是你还是会发现总会有那么一两个人处处与你作对……

白依依是清华大学的一名高才生。大学毕业以后，求职很顺利，在一家大型外贸公司获得了一份工作，总经理助理。

工作以后，生性好强的她希望自己能够受到欢迎，想做好现在的本职工作，更想马上升职，所以她努力讨好公司中的每一个人。

但问题很快就出现了，她发现自己根本不能尽如人意：在汇报工作的时候，她小心翼翼唯恐惹领导不开心，正因为如此，领导就认为她缺乏独立性、创造力；给下属交代任务的时候，为了防止他们的抵触情绪，她尽量温和谨慎，然而结果适得其反，下属们根本不听她的话，似乎所有的人都对她有意见。

事情还不止这样。一次，白依依独自策划组织的一个项目让公司获得了巨大的盈利，她也因此而得到了领导的奖赏。这原本是一件喜事，但她的领导认为白依依威胁到了自己的位置，所以对她更加冷淡，而一些下属则认为她抢尽了风头，对她嫉妒不已。

这下，白依依的日子就更不好过了，她感觉自己好像得罪了公司的所有人。这让白依依内心非常难受，每天都郁郁寡欢。

白依依实在想不明白，自己明明苦心去讨好所有的同事，为什么同事却不领情。在公司的各种不顺心甚至让白依依想到了辞职。后来，白依依在好友的劝导下，索性不再去想这么多烦心的事情，也不再刻意地去讨好所有人。慢慢地，她惊奇地发现大家都愿意和她亲近了，再也不像以前那样对自己充满偏见。

人是社会性的动物，生活在各种各样的人际关系中。我们往往想把事情做到最好，想让所有的人都喜欢自己，以取得人们对自己的肯定与赞同。但是我们是不可能做到完美的，有一千个人自然便会有一千种审美观，一千种对完美的解释。所以我们不要奢求人人都喜欢自己。试想，我们是否能做到喜欢身边的每一个人呢？

既然我们不可能让每个人都喜欢自己，既然我们不可能让所有的人都认可自己，那么我们无须再刻意地去讨好每个人，也无须太在意别人的眼光。有人不喜欢你，有人处处与你作对，那太正常了，我们唯一要做的，就是努力做好自己，保持自己最好的状态。

人之所以烦恼，是因为计较得太多

一哲人说："大街上有人骂我，我是连头也不会回的，我根本不想知道这个无聊之人是谁。"

人之所以快乐，不是因为得到的多，而是因为计较的少。同理，人之所以烦恼，不是因为得到的太少，而是源于计较的太多。要是在生活中少一点计较，少一点不甘，多一点知足，多一点豁达，那么我们就会少一点烦忧，多一点快乐。

烦恼往往会在快乐中横生，快乐又常常在失意时得到。对于烦恼，有时候我们只需要换一种想法，就能换来一份明亮开阔的心情。

李泽祥和李泽瑞是双胞胎，哥哥憨厚大度，弟弟聪明要强。上世纪90年代，兄弟俩同时考上市里面的一所重点大专院校。弟弟李泽瑞一直觉得自己能力强，一定可以上大学，想比哥哥做得更好，所以，当哥哥李泽祥去这所中专上学时，弟弟毅然选择了在高中念书。

第三年，哥哥李泽祥毕业分配到家乡的一个事业单位，弟弟李泽瑞也如愿考上一所重点大学。事与愿违，可是在弟弟大三那年，国家就开始一步步取消毕业生分配的政策。弟弟李泽瑞又决定考研，以获得更高的学历，可是他没有想到，当他读完研，就业压力也随之变得更加严峻了。弟弟回到家乡，通过层层考试，最终进入哥哥所在的那家事业单位做了一名小职员。

而哥哥李泽祥是在当年缺少人才的年代进的这家单位，自然受到了领导的重用，加上他勤奋好学，参加了自学考试，在工作之余也完成了研究生学业，几年后就成了单位里年轻有为的骨干分子。

所以当弟弟工作时，哥哥早已成了单位里的领导干部，而且还和弟弟有着同样的高学历。这让弟弟的内心十分不平，想到自己白白努力了这么多年，到最后竟然还是在哥哥的单位，成了哥哥的手下。弟弟越想越不甘，没几个月就主动辞职去了北京闯荡。

可是在北京，高学历到处都是，泽瑞依然不占优势。最后迫于生计，就去一家小公司做职员。但是由于自尊心作祟，没有干多久，弟弟觉得自己受了委屈，便又跳槽了。弟弟后来成了标准的"跳槽达人"，直到现在还没有一份稳定的工作。

弟弟李泽瑞的失败在于他的优越心理，在于他过于斤斤计较和盲目攀比，这些因素造成他期望值过高，总认为这是社会不公平，使自己怀才不遇，总一味地以为高学历必然换得高回报。可是这个社会并非如此，脚踏实地才是最重要的。

我们每一个人在生活中的起点都不同，在这过程中，如果我们自己不能倒空自己放开心态，心理上负重不堪，那么最后举步维艰的还是我们自己。谁也不想做个心胸狭隘的人，这样的人爱计较、爱抱怨，他们生活得不快乐，同样不能带给别人快乐。

不以物喜，不以己悲，最简单的莫过于把心胸放宽，要有海纳百川的容量，再看人世间的一切，我们自然就不会去计较了。

李梅是一名人民教师，在一所小学就职，是五年级一班班主任。年终了，一年一度的模范班主任评选工作又开始了。

李梅老师和五年级二班的张老师条件相当，两人都是年轻的新教师，都获得过几次县里、市里的教育奖项，也都是奋发有为的好青年。学校上头有规定，这次期末考试，哪个班级的成绩排在第一名，这年的"模范班主任"就属谁了。

这样的荣誉，这样的机会，怎能让给别人呢？为了提高学生成绩和学习效率，李梅开始加课补课，忙得不亦乐乎。即使很累，但李梅觉得为了年度"模范班级"和"模范班主任"，这一切付出是值得的。甚至有很多次，李梅让学生默写古文，错一个字，罚抄五十遍；背不出课文，就在小组长那儿朗读一百遍。

当然，皇天不负有心人，期末考试，李梅的班级考了第一名，获得了优秀班级的奖章，李梅也如愿以偿得到了"模范班主任"的荣誉称号。但是，李梅却发现学生们似乎对这样的荣誉并没有表现出热情，倒是对自己怨声载道，对她的语文课也失去了往日的兴趣。她和小张老师的关系也显得微妙起来。

我们在乎的东西越多，肩上背负的东西也就越多，而我们前行的道路也就更难走。李梅其实不用在乎那么多名与利，不必计较其他班级的成绩如何。其实她需要做的是，一如从前，踏踏实实做事就可以了。

不计较、不迁怒，便无烦恼。得失不去计较，有无不去计较，别人的诽谤不去计较，他人的指责不去计较，这样我们的心自然会归于宁静，自然也不会再感到烦恼了。

流言四起，说明你很出色

流言就像是一场瘟疫，人们对它退避三舍，结果更多的却是防不胜防。

如果你成名了，如果你升职了，如果你的言行关乎到了他人的切身利益，这时候你会发现你成了众矢之的，似乎一夜之间，所有的人都对你冷嘲热讽，在你的背后议论纷纷。

遇到铺天盖地的流言，你是听之任之，还是和人们当面对质？更或者是以其人之道，还治其人之身，你中伤我，那我就诽谤你？

慧珊大学毕业后，在一家大型外贸企业的销售部门任职。在这一年中，慧珊工作积极努力，待人和善，常常一个人无偿加班。

但是令她苦恼的是，自己如此积极的工作态度却仍然得不到领导的赏识，更得不到同事的认可。特别是同是一个部门的两个女孩小林和玲子，似乎总是和自己针锋相对。慧珊认为有意见可以当面说，可恼人的是那两个尖酸刻薄的女孩从来不当面指出来，却常常在背后向领导打她的小报告，在同事间说她的坏话，说慧珊是要在领导面前卖乖才工作那么积极，其实就是想借此升职，说慧珊每天都打扮得花枝招展的，简直是个狐媚子，等等，更有甚者会说一些难以入耳的话，这让慧珊难以接受。

吃工作餐的时候、工作的时候、公司聚会的时候……慧珊在不同的场合都听到她们在传播自己的流言，也有好心的同事来转告她。刚开始的时候慧珊并不在意，以为过段时间就好了，不料这种情况都持续了半年，那两个女孩变本加厉，一次慧珊路过时当面听到她们的议论，但是她们还是照说不误。她们看慧珊的眼神，分明是挑衅的眼神。

公司里发生这样的事情，让慧珊很是苦恼，她曾想过以牙还牙，大不了也去传播她们的流言，但最终还是没那样做。所以，直到现在，慧珊每天郁郁寡欢、神情凝重，活在那两个女孩制造的流言蜚语的阴影中不能自拔。

清者自清，浊者自浊。慧珊其实大可不必为这些背后的流言大伤脑筋。面对那两个女孩的议论，慧珊可以置之不理，不让流言打扰到内心的清净，也可以对同事局部澄清，解释自己的清白，更可以主动出击，直接找到女孩，找出她们中伤自己的根本原因，是不是自己曾经无意间伤害了她们的利益。面对流言的方式有很多，最重要的是不要被流言主宰了自己的情绪。须明白，流言四起，说明你很出色。

从前，在一座寺庙里住着一位修行有为的高僧。他好善乐施，为人答疑解惑。

寺庙的附近住着一对夫妇，家中有女初长成。可是有一天发现这女孩未曾出嫁却怀上了孩子。父母严刑拷问，女儿竟然指认附近寺庙的大师就是孩子的父亲。女孩的父母怒从心起，怒不可遏，气冲冲地跑到寺院，对这位高僧破口大骂，甚至要大打出手。

高僧默默听完了这对夫妇的最后一句辱骂，说："果真是这样吗？"于是小婴儿出生之后立即被送给了大师。人们又开始纷纷议论，说高僧原来是沽名钓誉之辈，作为一个出家弟子，竟然做出这样苟且的事情来。

于是大师恶名在外，可是大师并不介意，对外界的流言蜚语置若罔闻，只是一心一意地照顾孩子，让他健康成长，并教育他。

这件事情过去了几年，当年的小婴儿长成了一个少年，真相也终于大白于天下了。原来孩子的亲生父亲是从小与那女孩青梅竹马长大的表哥，当年女孩是为了保护表哥而指认大师为孩子的父亲的。

那一对曾经侮辱大师的夫妇简直无地自容，和自己的父母一起，带着重礼上门向大师赔礼道歉，并要求领回自己的孩子，而大师并没有生气，甚至没有觉得被冤枉。

面对流言，我们大可不必在意。不要让流言蜚语主宰你的情绪。走自己的路，让别人说去吧。

挣脱枷锁，原谅别人

也许曾经有人诋毁过你，也许曾经有人伤了你的自尊，也许曾经有人伤害过你，这些不堪回首的经历，都让我们心生怨恨，心有不甘。这时候你是选择继续气愤不已，还是选择原谅他人呢？

现实生活中，从内心深处去原谅别人、宽恕别人，并不是一件容易的事。反过来想想，恨一个人事实上是一件更辛苦的事。一个人，若终日为了别人的错误而茶饭不思、寝食难安，总想着曾经被怎样冤枉、曾经被怎样伤害，想着如何报复别人，如何争一口气，这岂不更辛苦？

梁力在上学的时候原本是一个活泼开朗的男孩，可是毕业两年以来，他每天愤愤不平，一直感叹生活的不公平，感叹朋友的不可靠。

其实说起来只是因为一件事情。大学毕业以后，梁力和他的同班同学刘舟两人一起去一个当地很出名的公司应聘。结果皆大欢喜，他们两个都被聘用了。那时他们还是无话不谈的好哥们儿。

有一次，他们一起辛辛苦苦去另一个城市拜访了一位大客户，经过两人的努力，那笔可以为公司赢来巨大利益的大单子已经有了初步的雏形，只要等第二天他们三人坐一起，签个合同，就大功告成了。

梁力和刘舟都很高兴，在酒店里喝酒庆祝他们的第一次成功，两人都喝得烂醉如泥。可是，当梁力第二天醒来的时候，发现刘舟不见了。打客户电话，居然说事情都办妥了。梁力的心一凉，只好悻悻地回公司了。可是万万没有想到，梁力到了公司才知道，他的同学、好哥们儿竟趁他酒醉的时候，提前去签了那单子，这还不算，现在刘舟居然早已经一个人领了功劳。

梁力很受伤也很不服气，就找刘舟算账。可刘舟辩解说，当时喝完酒，心里就觉得特不踏实，怕夜长梦多，所以连夜搞定了那个单子。第二天本想和梁力一起回公司的，可梁力睡得太死了，叫了好久都不醒。对于这些解释，梁力自然是不信的，可是这有什么用呢？因为那笔大单子，刘舟升了职；而梁力的业绩后来并不是很出色，一直是公司的一个小小的职员。

梁力继续埋头苦干，渐渐地业绩也好起来了，经过一年的努力奋斗，也在部门升了职。可事情过去了一年多，梁力始终不能原谅刘舟。那次的单子事件后，梁力和刘舟绝交了，他还拒绝参加一切有刘舟的场合。

同在一家公司，怎能不碰面呢？后来刘舟多次上门向梁力负荆请罪，可是梁力对刘舟的道歉总是置若罔闻。即使梁力现在做到了部门经理，对那件事情还是不能释怀。

学会原谅是一种成熟的心理，原谅别人是一种高尚的品行。原谅并不意味委屈自己，成全别人。但我们扪心自问，我们究竟是为了谁才选择了原谅？体验过仇恨和报复的人，都深知它们的沉重，它们使我们举步维艰。在不断前进的人生道路中，聪明人往往会选择放过——放过别人，更是放过自己。

在这个世界上，让别人欠自己人情，总比自己欠别人人情舒坦些吧。原谅别人，便可以期待补偿与回馈。

梁力即使坐上了部门经理的位置，但还是一点儿也不开心。

终于有一天，在吃工作餐的时候，梁力的勺子掉了，这时正好刘舟走过来，顺便把自己的勺子给了梁力。梁力本来不想接受的，但想想一年前，在大学里他们是何等亲密啊，多少次在食堂一起吃饭。闹成今天这样又是何必呢，便说了句"谢谢"。

不想因为这句谢谢，刘舟也把工作餐放在梁力的边上，一起吃饭，并又向梁力道歉。梁力像曾经一样笑了笑，说："哥们吃饭吧。"

原来消除误解、化解怨恨并没有梁力想象中的那么难。这顿工作餐终于化解了他们之间僵持几年的冷战。

伤害已经造成，历史无法改变，我们又为什么要让既成事实的伤害，来继续伤害自己呢？俗话说："君子报仇，十年不晚。"可是想想人生有几个十年，在这十年的大好时光里，如果你天天记恨那个伤害你的人，天天在心里重演那件伤害你的事情，那是何等沉重的负担、何等痛苦的人生！一个人要是心中充满了仇恨，哪里还有心情和精力来感受今天明媚的阳光，来享受这幸福人生？所以你必须放手，你的不原谅是别人对你施加的枷锁。原谅别人，就是挣脱别人施加在你身上的枷锁。

与其说是别人让你痛苦不堪，不如说是你自己的修养不够。忍一时风平浪静，退一步海阔天空。为了自己，原谅别人吧！

第四章
你可能正在和自己较劲

我们没有理由跟自己较劲

如果有这样一个场景,你正在擦桌子,失手打翻了放在桌子上面的金鱼缸,咣当一声,鱼缸跌落下来,碎了一地,可怜的金鱼在那片水中跳跃着、挣扎着……这时候,你会怎么做呢?是生气地责备自己做事鲁莽,是对着被打碎的漂亮鱼缸惋惜,还是一笑而过马上把金鱼放进水里,并且收拾残局。聪明的你,一定会选择后者。有时候,对于已经发生的事情,不要一味追悔,去和自己较劲,眼前最重要的是把事态控制在你可以控制的范围内。

事情既然已经如此,那就顺其自然,享受生命带给我们的种种精彩。鲜花和掌声固然值得留恋,挫折和困难也未尝不是一种可贵的经验,一种值得回忆与炫耀的徽章。我们未曾拥有的东西太多太多,但细数起来,其实我们拥有的东西也有很多,我们的四肢还健全，我们的双眼可以欣赏着世间所有的美丽，我们的头脑一直保持清醒，我们有一份可以糊口的工作，我们有一个可以遮风避雨的家，我们有一群同甘共苦的朋友，我们还拥有许许多多值得回忆、值得珍藏的瞬间。瞧，我们多么富有！还有什么理由和自己较劲呢？

有一个名叫查理中年人，家庭幸福，事业有成，在旁人看来是他是幸福的，但是查理身在福中不知福，还是觉得人生空虚，彷徨无奈，甚至产生轻生的念头，后来查理不得不去看医生。

医生给他开了四副神秘的药，并对查理说："药你先不要拆开，你明天6点钟以前独自到海边，千万不要带任何东西，分别在6点、9点、12点和18点，依次服药，你的病就好了。"

查理第二天依照医生的嘱咐来到海边，6点时太阳正好从海边升起来，金黄色的温暖的阳光照在查理身上，查理的心情突然变好了。他打开药包，正准备服用，却发现里面一颗药也没有，只见纸上写着"聆听"二字。查理静静地坐了下来，开始聆听海边的声音，聆听风吹过耳边的声音、海浪拍打沙滩的声音、海鸥的鸣叫声，查理甚至听到了自己的心跳声。他安静地欣赏着大自然的节奏，舒服得快睡着了。

到了9点，查理的第二副药是"回忆"。他开始回想起自己年少时候的恋人，想起艰苦创业的青年时代，想到年迈的父母头上的白发，想到与亲朋之间的欢聚，查理的内心像曾经一样，燃烧着一股生命的力量和热情。

中午12点，他打开第三副药，上面写着"检讨"。他仔细地回想，想起曾经自己对妻子疼爱有加，现在因为工作的繁忙对妻子越来越冷漠；想起自己可爱的儿子，自己有多少个周末没有陪他去游乐园；想起好多朋友也久未联系了；想起父母上个礼拜还打电话过来叫自己去吃饭……想到这里，查理若有所思。

到了夕阳西下，查理打开了医生最后一副药，只见上面写着

"把烦恼写在沙滩上"。他信步走到离大海最近的一片沙滩上,写下"烦恼"二字,海浪拍来,立即淹没了他的"烦恼",海浪退去,也将他的"烦恼"卷走了,沙滩上依旧一片平坦。

在这个世上,到底是我们拥有的太少,还是我们计较的太多呢?我们的生命早已经很丰盈,为什么还要苦苦去追求那些浮夸、无谓的东西呢?有些东西我们不必拥有,并不是所有的华丽都适合我们那颗朴素的心。

有时候人们总是爱多想一些事情,总是太在意别人的想法,可是真的仔细想想,这样的计较大多毫无意义,不是吗?我们是为自己而活,并不是为别人作秀;我们是生活的主人,不是别人的线偶。如果你还在一味地给自己施加压力,在和自己较劲,不累吗?

上帝也不是万能的

宋代诗人方岳有诗曰:"不如意事常八九,可与语人无二三。"人生在世,不如意的事情十件里面常常有八九件,而这八九件不如意的事情,可与外人诉说的不过两三件。这不如意、不顺心的事一般都是哑巴吃黄连,有苦难言的。倘若我们天天怨天尤人,满腹牢骚,见个人就跟人家倾诉自己的不如意事、伤心事,就未免是当今社会的祥林嫂,可怜、可叹又可悲了。

我们都是平平凡凡的人,于烟火人间之中奋力生存;我们是沧海一粟;我们是天地蜉蝣。我们不是拥有至高法力的神,不能说变就变;我们不是未来世界的机器猫,不能够心想事成;我们也没有神奇的阿拉丁的神灯,擦拭一下就有大力神为你效劳。更何况并不是神就可以为所欲为。

曾经有这样一个广为流传的笑话。一天，一位信徒来到天堂后问上帝："我敬仰一生的上帝，我有一件事情没有明白。"上帝和蔼地说："我的孩子，你说，我一定好好为你解答。"信徒问："我们都是您迷途的小羊羔，请问上帝，您是万能的吗？"上帝答曰："是。"信徒又很疑惑地问："请问您可以制造一块连您都搬不动的石头吗？"上帝答曰："不可以。"信徒："我的上帝，您连一块石头都搬不动，那还是万能的吗？"

连上帝也不是万能的，连上帝也有他的软肋。这样说来，何况你我呢？当我们遇到不顺心、不如意的事情时，不要抱怨天时地利人和，不要抱怨我们身边险恶的客观因素。我们应该端正心态，所谓胜败乃兵家常事嘛，我们不能避免不如意之事的发生，却可以从这些事情中汲取经验，放宽心态，为以后创造出一系列如意之事，并且提高今后对不如意事的应对能力。

一位即将圆寂的老方丈知道自己离佛祖不远了，就想从两个徒弟中选一个具有慧根的作为衣钵传人。

一天，老方丈把两个徒弟叫到他的跟前，对他们说："现在我给你们布置一个任务，你们出去给我挑选一片最完美的树叶。"两个徒弟领命后出院门而去。

过了一晌午，大徒弟回来了，他递给师傅一片并不是十分漂亮的树叶，对师傅说："这片树叶虽然有缺陷、有残破，但它是我这一路上见过的最完美的树叶了。"二徒弟在外面转了一天，直到夕阳西下，最终却还是空手而归，他失望地对师傅说："我看到了很多很多的完美的树叶，但是怎么也挑不出一片最完美的。"

故事的结尾想必大家都猜到了，老方丈最终把衣钵传给了大徒弟。

故事中的这位老方丈也明白万物之中,不存在十全十美的树叶。每一片树叶都是相对完美的,我们找不到世界上最完美的树叶。在佛教典故中,亦有佛祖割肉喂鹰的故事,同样说明,佛祖也不是万能的。没有十全十美的人,没有样样顺心的事,但我们可以变成一个相对完美的人,成就一件相对如意的事情,这就是智慧的人生。世间万物,没有绝对的,只有相对的。我们只要做好自己分内的事情,不怒、不怨、不忧、不躁就好。

我们每个人都面临着来自各种各样的烦恼、生活中的变故、工作上的压力、学习上的挫败、朋友间的隔阂、身体上的微恙,甚至可以小到上班途中的交通滞留、中午餐点的不合胃口……都可以成为我们这八九的不如意之事。面临各种工作、生活中的不顺心,我们往往焦急烦躁、惊慌失措、怨天尤人,而与这些表现相对应的却是事与愿违——事情怎么越来越糟糕了呀?

反之,假如这世上人人皆事事如意,样样顺心,想要的可顺手拈来,摒弃的可挥之而去,那这世界上还有什么是值得我们去珍惜、去追寻的呢?正因为我们的世界、我们的人生不够完美并且充满了缺憾,所以我们才更加奋发前进,我们才努力奔跑在追寻完美的征途之上。但我们的人生也因为这些本身的缺憾而更加丰富多彩。维纳斯的美不在于完美,而在于缺憾;人生的底蕴,辉煌的成功,在于那些艰辛跋涉而穿越的苦难。

所谓胜败乃兵家常事。面对生活中诸多令人不顺心的不如意事,不如让我们付诸一笑。

不和别人比较,幸福是自己的

幸福是一种微妙的感觉,是内心深处的平和与静谧。幸福是墙角的一朵丁香花,它没有牡丹的富贵,没有莲花的清洁,没有菊花的傲骨,也没有玫瑰的绚丽,可是丁香花不介意,它还是默默地为人们送来属于它自己的芬芳,幽雅清淡,暗香浮动,告诉你它的存在。

幸福是自己的,为什么要拿自己同别人比较呢?过平平常常日子的,羡慕有钱人的香车豪宅;有钱有势的,向往普通人的柴米油盐;地位卑微的,恨不得削尖脑袋往高处爬;身居高位的,又感叹高处不胜寒;天天见面的,抱怨没有独立的空间;分居两地的,又说一个人的日子太艰难、太寂寞……

周末,朋友间的聚会,大家在饭桌上畅所欲言。都是好久不见的朋友,欢聚一堂,自然是家事、国事、天下事无所不谈。

"我老公,样样精通,花艺是最棒的,在我们家的院子里栽满了各种奇花异草,一年四季,芳香扑鼻。"小兰沉浸在自家花园里的美景中。

红姐说:"我那老公的厨艺是最棒的,做的菜都可以上五星级酒店的餐桌了。"

"我觉得我是最幸福的女人,洗衣、做饭、烧菜各种家务全由老公一人承担,呵呵,还包括赚钱,在家里我什么都不管。"小霞边说边笑,一脸幸福。

"那我老公天生就是个大懒虫,在家什么事也不做,还是大男子主义,嫁给他真是委屈啊!"直肠子的玲玲向大家吐出苦水。

这时候人们发现,小雯和丈夫阿全却一直保持沉默,没有说过一句话。小雯不断给阿全夹菜,而阿全给小雯倒饮料,两人动作默契,饭桌上讨论激烈,他们却全然不顾大家的评论。小雯被确诊身患肝癌已经四年了,为了给妻子继续治病,阿全砸锅卖铁为小雯治病,甚至卖掉了他们辛辛苦苦花了半辈子积蓄买的房子,现在住在出租屋里,可是小雯的病情却每况愈下。尽管这样,阿全也没有放弃最后的希望,他每天陪妻子到室外散步,闲时给妻子做全身按摩。尽管家里已经一贫如洗,可是他一直抱有一线希望,如果能让小雯早日康复,阿全宁愿什么都不要。

朋友们终于问到了小雯,她激动地说:"我不知道怎么来评论我丈夫,但是我知道我们是相爱的,真爱是用实际行动来表现的,我很幸福。"说完,小雯早已泪流满面,坐在边上的阿全正拿着餐巾纸给小雯擦眼泪,对小雯轻声说:"一切都会好的,一切都会过去的。"

整个屋子的人都安静了下来,听了小雯夫妇的话后,人们若有所思,微笑着或者哭泣着为他们两人的真爱而鼓掌。玲玲刚刚还在诉苦,此时的她早感动得落泪了:"其实,我丈夫虽然有点懒,但是他为这个家付出了很多……"

法国启蒙思想家孟德斯鸠说:"假如一个人只是希望幸福,这很容易达到,然而我们总是希望比别人幸福,这就是困难所在,因为我们总是相信别人比自己幸福。"幸福是没有绝对性的,幸福更不能比较。有时候一个坚定的眼神就是幸福,有时候一杯热腾腾的咖啡就是幸福,有时候一个明媚的天气对于想外出逛街的你,同样是幸福。

一个人在江边垂钓,他是个钓鱼高手,鱼儿好像是他养的一样,一条条地上钩。最奇怪的是他身边还带着一把直尺,谁钓鱼还带尺呀?只见他每钓上一条鱼,就拿尺量一量,只要是比尺长的鱼,他都丢回江里。其他钓客非常纳闷儿,不解地问他:"别人都希望钓着大鱼，为什么偏偏只有你将大鱼都丢回河里呢？"

这人倒也幽默，轻松地回答："因为我家的锅子只有尺这么长，太大的鱼装不下。"

取己所需，不必贪求，这也是一种勇气，一种豁达。"人比人得死，货比货得扔"，我们没有必要把时间浪费在与别人攀比上。别人的是别人的，我们不稀罕，我们的自然是我们的，别人夺不走。

幸福就像饭团里面的话梅，我们只看到别人的幸福，却忽略了自己日子中藏着的美味。我们每一个人都是一个幸福的花色饭团，拥有与众不同的特点。别人饭团里面藏着的是咸话梅，或许你的饭团里面是一颗美味的牛肉干。

没有比较，就不会有嫉妒

从 2009 年开始，网络上开始新兴一个流行词语，即"羡慕嫉妒恨"。从网络上到生活中，到处都充斥着"羡慕嫉妒恨"的踪影。这个词生动形象地说明了嫉妒的来龙去脉，因为别人比自己好，所以就羡慕；因为别人有而自己没有，羡慕就演变成嫉妒；因为一心想着"凭什么别人有而自己无"，由此就心生怨恨。

没有比较，就不会有嫉妒。为什么要比较呢？你是你，别人是别人，我们各自都出生在不同的家庭，有着不同的教育背景，我们是不同性格、不同气质的人，我们有着不同的喜好和追求，为什么要拿来比较呢？就像牛顿的万有引力，贝多芬的《月光曲》，达·芬奇的《蒙娜丽莎》，这三者到底孰优孰劣呢？

《禅宗》记载过这样一个故事：

一个年轻人闷闷不乐，原因是被一个问题苦恼着，那就是"如何让自己变成一个快乐并且能够让别人快乐的人"。于是他不远千里去拜访一位得道的高僧，想接受高僧的点化。

高僧说："我送给你四句话，第一句话，'把自己当成别人'。"年轻人沉默了一会儿说："把自己当成别人。当我们痛苦不堪时，痛苦就减轻了；当我们欣喜若狂时，心情就会平和一些，不至于骄傲。对吗？"

高僧对年轻人的答案很满意，微微点头说："第二句话，'把别人当成自己'。"年轻人很有悟性："这是讲，己所不欲，勿施于人，更是说要帮助别人。"

高僧赞许地点点头，继续道："第三句话，'把别人当成别人'。"年轻人说："每个人都是独立的个体，我们不能左右他人的想法。"高僧哈哈大笑："孺子可教也！最后一句是'把自己当成自己'。"

年轻人说："这句话的含义，我一时体会不出。但这四句话似乎自相矛盾，怎样能把它们统一起来呢？"

高僧微笑着说："用你的一生。"

"把自己当成别人""把别人当成自己""把别人当成别人""把自己当成自己"，这四句话看似简单，其实内含玄机，想做到更是不易。生命中有一种轻，是生命中不可承受之轻——失落自我，为别人活着。把自己当自己，不拿别人的标准来衡量自己。

就像《阿甘正传》中的阿甘，诚实勇敢而重感情，真诚待人，豁达、坦荡、快乐地面对生活，凭着直觉不停地奔跑，跑遍了整个美国，跑过了大学时代的足球场，跑过了刀枪弹雨的越南之战，跑过了乒乓球外交的战场，并最终跑到了他梦想的终点。

也像辅佐越王勾践的范蠡，宠辱不惊，安之若素，把勾践的事业当作己任，成就"三千越甲可吞吴"，一举灭了吴国。他知道越王并非自己，只可共苦不可同甘，所以毅然决然地选择从中流砥柱到急流勇退，方才怡享晚年。

希腊特菲尔神庙门上有一句话：认识你自己。上苍赐予我们生命，我们都是独立的生命体，无人代替。我不是你，我不是他，我是独一无二的自己，把自己当成自己，正视自己的优点和缺点，接纳并不完美的自己，不盲目攀比，不盲目追求，不生气，不嫉妒，保持平和的心态，努力做事，用心做人，我们生命的每一天都会过得精彩。

自嘲是一种调节心理平衡的利器

画坛著名漫画家韩羽先生是秃顶，他曾写了一首《自嘲》诗："眉眼一无可取，嘴巴稀松平常，唯有脑门胆大，敢与日月争光。"令人忍俊不禁，更是展示了韩羽先生豁达的心胸和乐观的心态。

有幽默感的自嘲是对自己缺陷的夸张，颇能表现出一个人坦诚的品格。心似天平，稍有偏差，就会失去平衡，而像韩羽先生这样运用自嘲就可以轻松让天平恢复平衡。

在一次大学学生会组织的舞会上，张灯结彩，音乐四起，气氛非常热闹。男孩小安一眼就看上了舞池边上那个身材高挑的女孩，无耐自己身材比较矮小。

小安鼓足勇气去邀请那女孩跳舞，就像他担心的一样，女孩微笑着拒绝："我从不与比我矮的男生跳舞。"

小安不愧是中文系的高才生，他没有发火，也没有指责女孩侮辱自己，只是淡淡一笑，不温不火地说："我真是武大郎开店，找错了帮手啊！"那女孩儿听后面红耳赤，悻悻地走开了。

自嘲是宣泄积郁的良方，有时候也是一种反嘲别人的武器。学会了自嘲，就可以使自己拥有宁静平稳的心境。境由心造，当我们遇到挫折时，是怨天尤人，还是辩证地看待一时的不利？显然应该是后者。有时候我们虽然一时失意、暂时失败，但是精神不败，此时的精神胜利法就是我们的法宝。

潘长江是著名的小品演员，早些年更是拍了很多人们喜闻乐见的影视剧，无论是他的小品还是影视剧，银屏中的他，总能带给我们欢乐。有一次记者问他："您为您个子矮遗憾过吗？"不想潘长江发出了标志性的"潘式"大笑，说："浓缩就是精华啊！"

自嘲是一种调节心理平衡的利器。在日常生活中，我们不妨自嘲，变沉重为诙谐，化严肃为轻松。让我们在自嘲幽默的气氛里，以一种欢乐知足的心态，去品味生活中的酸甜苦辣，去珍藏人世间的悲欢喜乐。

自嘲者敢于面对不利的条件和环境，不退缩，不畏惧。表面自嘲，实际上，在自嘲的背后却有一股强大的力量。自嘲是幽默之最高境界，不仅活跃了现场气氛，在尴尬为难中为自己解围，还能展示自嘲者豁达的胸怀和自身的修养。

人生的所有烦恼，就像路边的小石头，可以一脚踢开，即便烦恼成了困扰，那也是阻拦我们前进的拦路大石，我们不必计较，不如攀缘而过，绕道而行，岂不更好。自嘲是一份自信，一份坦然，一份洒脱，微笑着自我嘲笑，一路上便都是好风景。

美国第40任总统罗纳德·里根不仅是个政坛高手，也是个幽默专家。

有一次，白宫举行了一场隆重的钢琴演奏会，演奏会上来了很多当时政界、音乐界的风云人物。

里根在台上讲话时，其夫人南希却不小心连人带椅地从台上跌落在地上，在场所有的人都发出了惊叫声，但总统夫人南希却非常灵活地爬了起来对大家微微一笑，在全场宾客热烈的掌声中，从从容容地回到自己座位上。

"亲爱的，你怎么这么心急呢?"这时候，里根对着夫人又对着场上所有的人说，"我不是告诉过你，只有当我的演讲出现了冷场，没有获得大家的赞同和掌声的时候，你才可以使出这一招吗?"

话音刚落，由于里根总统的包容和诙谐，场上更是响起了雷鸣般的掌声。

当你学会了自嘲，而不再是嘲笑他人时，便成熟了。自嘲是居高临下地正视自己的弱点和失误，并且加以宽容和谅解。只有能够清醒地自我剖析、自我否定的人，才敢于自嘲。那轻松幽默的一句自嘲，是对人生百味的咀嚼，是对人情世故的参透。

原谅自己，与现实和谐共处

世事无常，生活中有太多变故和不如意。很多希望落空了，很多拥有的失去了，很多美好的不复存在了，这时候，我们会发现一个悖论，我们很容易原谅别人，为他人犯的错误寻找借口，为他人的错误指出正当的理由；而在面对自己的错误时，却往往放不开来，自责甚至惩罚自己。

面对今天不可挽回的局面，我们时时刻刻遭受着良心的谴责和煎熬，觉得自己曾经可以用一个小小的动作和行为，就能转变如今的事态，但自己并没有那么做。那么，我们是对自己太苛刻了，还是太高估了自己的能力呢？原谅他人是一种崇高的德行，原谅了自己，则更是一种健康的心态。

正在念高三的小茹说道："现在的我每天都在学习，非常认真。但在我念小学的最后三年时间中，我的生活就像一个噩梦。"

那三年中到底发生了什么事情呢？她是这样讲述的："我偷偷地拿过别人的东西，还偷偷地撕掉别的同学的课本。我觉得那时候的我简直坏透了。我现在都想不明白，为什么那时候会这么坏。真是不敢想象。"

如何才能消除她内心的负疚和自责呢？

由于小茹内心积压的负面情绪没有得到释放，又给自己施加了很多希望通过学习来"出人头地"的压力，她开始焦虑不已。

如何让她原谅曾经的自己呢？

小茹来到了一家心理咨询所。心理咨询师是这样回忆当时的情况的："我跟她讲了我初中时候发生的一件事情，因为妒忌心理，我也曾经撕掉过一个同学的书。这件事情曾经也一直困扰着我多年，一想起来就觉得自己好坏。可是又无法去跟同学道歉。这么年过去了，往事重提，既没有机会，也实在没有必要。可是一直把这件事情放在心里来影响自己吗？

"每一种负面情绪的背后都是自己内心的需求没有被满足。而内疚也是一种负面情绪，它背后隐藏着被原谅的需要。但在这些事情上，我们几乎没有机会去获得他人的原谅。那么，唯一的选择就是自己原谅自己。"

聪明的小茹显然懂得了这个道理。

心理咨询师继续说道："那么考大学对你的意义是什么呢？考大学或许可以让你更快地实现梦想，也或许让你的梦想实现得更加缓慢。"

两人相视而笑。

这时的小茹变得轻松起来，继续与坐在她对面的心理咨询师分享她现在的想法："也就是说，我如果能够在名牌的大学里学习，那最好；如果不能够在名牌的大学里学，在普通的大学里学也一样的？是啊，有什么区别呢？只要你愿意学，在哪里学习，都是一样的啊！有一天，你实现了这个梦想后，又会有新的梦想。人一生就是在不断地追求自己的梦想，想想这个过程就很有趣。所以我现在每一天的学习，其实都是在为实现梦想而做准备，你会发现以后每一天的学习都充满了动力。"

显然，这时的小茹已经原谅了自己。

学会原谅自己，其实就是学会与现实和谐共处，学会正确对待生活中的失误与不幸，学会正确处理与解决问题。我们不要被这些过去的事情左右现在的心情和行为，我们不要为昨天的受伤而浪费今天的眼泪。我们要学会安慰自己，学会主动承担自己的错误，更要原谅自己的过失，并且从失败中总结经验教训，这是一种豁达，一种成长。

原谅自己需要勇气，当我们犯下错误酿成失误之后，面壁思过，内心充满了自责和悔恨，幡然醒悟之后，请原谅自己，因为从醒悟的那一刻开始，我们已经获得重生。

追悔昨天，并不能重写历史，抱怨过去，只会浪费今天的时间。斤斤计较、怨天尤人也会让自己活得很累。与其这样在责备自己中虚度光阴，不如转变心态，放自己一马，别和自己过不去，让眼泪和痛苦随着时间的流逝远去，让过去的过去吧。不自寻烦恼，不自讨苦吃。宠辱不惊，看庭前花开花落；去留无意，望天上云卷云舒。让我们在平和豁朗的心态中，轻松快乐地过好每一天、每一刻。

小节无伤大雅，何必小题大做

《鸿门宴》中有："大行不顾细谨，大礼不辞小让。"这句话告诉我们，做大事的人不要顾虑细枝末节。做人亦如此，善于取舍，方能成大事。所谓金无足赤，人无完人，我们无论为人还是处事，都应取其大体，不应拘于小节。

日常生活中，如果事事锱铢在意，斤斤计较，岂不是要累死人？在日常生活中，我们可以不拘小节，也应该不拘小节。既不用小节束缚自己，更不应用小节束缚别人，这样才能为自己，也为别人营造一个宽松的生活空间，从而使我们有更多精力投入工作、学习中。

试想，如果嵇康、阮籍随于俗世，哪有千年绝响《广陵散》？如果刘备拘泥小节，哪有后来三国鼎立的局面？如果李世民、魏徵拘于君臣之礼，哪有唐代繁荣的贞观之治？如果李白拘于繁文缛节之中，哪有流于后世的浪漫诗篇？

在美丽的非洲草原上，有一种叫作吸血蝙蝠的小动物，它们无处不在，以吸血为生，令人厌恶至极。它们虽小，但吸血本领一流，不过据当地人所说，每年死在它们嘴下的野马不计其数。那么，身躯庞大的野马怎么会死在小小的吸血蝙蝠嘴下呢？

于是人们将几十部微型摄像机放到非洲大草原上野马频繁出没的地方，终于野马死于小蝙蝠的谜底被揭晓了。

摄像机前，只见吸血小蝙蝠在空中徘徊，然后轻轻地附在野马的腿上，用锋利的嘴撕开野马腿上的皮肤，并用力吸血。感到疼痛的野马马上踢腿、狂奔，可是任凭野马怎样发狂，吸血小蝙蝠就是死死咬住不放松。

在野马的剧烈运动下，只见它的伤口处的血越来越多，这吸引了更多的吸血小蝙蝠。终于吸血小蝙蝠们在奔跑中的野马身上，吸足了鲜血，飞走了。可是人们发现野马却因为蝙蝠的吸血而怒不可遏，尽管吸血蝙蝠已经飞远了，可是它还是到处横冲直撞，发了疯一样地奔跑，最后野马终于在精疲力竭中死去了。

其实，对于野马来说，吸血小蝙蝠吸取的血量是微不足道的，不足以致死，真正的罪魁祸首是野马自己，野马是在暴怒和剧烈运动中死去的。

如果野马不理会吸血小蝙蝠，任凭它们吃个饱，就像牛不理会身上的牛虻而只用尾巴象征性地掸一掸，这样的话野马也不会失去多少血，更不会因此丧命。

面对强敌，我们常常依靠勇气和毅力来获胜。可是当一些微不足道的小事出现时，我们往往沉不住气，结果越是微小的事就越能扰乱了我们的心绪和生活，让我们在烦恼中度日如年。我们常常为生活的琐碎小事而发怒，就像非洲大草原上的野马，因为小小的吸血小蝙蝠而愤怒不已。不拘小节者，不被小事累，这样自有其悠闲之处。反观那些斤斤计较的人，在小事上，患得患失，终至一事无成。

在日常生活中，我们往往会遇到各式各样的大事和小事。人的一生，时间有限，精力有限，如果天天为无关原则的琐碎小事而操心，不仅于事无补，反而使事情复杂化，浪费了时间，虚掷了年华。

是的，我们何必要在一些无关大体的琐碎小事上喋喋不休、斤斤计较呢？这样只会使自己劳心费神，也让别人见之生厌罢了。

春秋战国时期，在燕国遭受山戎袭击的时候，齐桓公成功帮助燕国驱逐山戎。燕庄公对齐桓公的拔刀相助和肝胆相照的情谊感激涕零，便亲自送齐桓公出燕国，不知不觉已经送入了齐国境内。

齐桓公对燕庄公说："非天子，诸侯相送不出境，吾不可以无理于燕。"于是割了自己的土地给燕庄公。

那时候周朝有"非天子，诸侯相送不出境"的礼节，燕庄公不拘泥于这样的礼节，对于帮助过自己的齐桓公，送行送出了自己的领土，而齐桓公却拘泥于如此的小小礼节，白送给了燕数十里土地。

一些人常常被困在一些无名的忧烦之中，被一些小事所牵制。不顺心的事情一旦出现，他们的欢乐便不翼而飞，生活中一下子阴云密布，再没有了晴朗的天空。于是寝食不安，工作没有激情，连出去散心的闲情也没有。这一切，只因为他们陷入了多余的忧烦之中。回顾自己的一生，你将发现，你的一生被一些无关紧要的琐事所牵绊，一生的美好时光竟然在烦恼中蹉跎殆尽了。

歌德说："重要之事不可受小事所累。"生命是这样短暂，我们根本没有太多的精力去顾及琐事。

我们生活，是为了找寻幸福，如果想要找到真正的幸福，就要学会取舍，别被小事所累。不拘小节是宽容亲和的待人之道。我们完全可以抱着"小节无伤大雅"的态度，对待遇见生活中的烦琐小事，何必"小题大做"呢？

很多烦恼都是我们自己寻找的

人的一生中，总有那么几件事情让你耿耿于怀。它们就像鬼怪一样缠着你，提醒着你，曾经你犯过这样的错误，曾经你遭遇过这样的待遇，曾经你因为小小的失误酿成了巨大的损失……虽然过去很久，物是人非，但你还是常常触景生情，回忆起来的时候，异常痛苦。

面对这些过去的事情，我们还是生气、愤怒、后悔、自责，这样往往使我们的精神状态极差。这严重干扰着我们的生活和工作，使我们茶不思饭不想,更是影响了我们的睡眠质量,甚至让我们噩梦连连。

每天,草原之王狮子都被同一件事情困扰着。每天天蒙蒙亮的时候,狮子还正在美妙的梦乡里畅游呢,这时候,远方响起了一阵响亮的鸡鸣声,总是把狮子的美梦给搅了。狮子很生气,但是公鸡是农户家里养的,狮子对此毫无办法。

一天,狮子来到上帝面前,向上帝倾诉心中的苦恼,并且请求上帝让公鸡别在天刚亮的时候大声打鸣了。上帝微笑着说:"你去河边找大象吧,它一定会给你一个满意的答案。"

于是狮子来到河边,正好看到大象气得直跺脚,地上的小花小草也被大象踩得稀巴烂。狮子很好奇地问大象:"大象,你为什么发这么大的脾气呀?"

"早上有只讨人厌的小蚊子钻进我的耳朵里,到现在还没出来呢,我都快痒死了。"大象拼命地摇晃着大耳朵,想把蚊子从耳朵里赶出来。

于是狮子若有所思地离开了大象。"原来体形巨大的大象,都会怕那么干瘪瘦小的蚊子,"狮子心里暗想,"那我还有什么好抱怨的呢?蚊子无时无刻不在骚扰着大象,让大象浑身难受,而鸡鸣不过一天一次。这样想来,我可算是幸运儿了。"

狮子回头看着仍在原地跺脚的大象,心想:"谁都可能遇上麻烦事,上帝也毫无办法。既然如此,我就把鸡鸣当作起床的闹铃,用以提醒我开始新的一天吧。"

我们所烦恼的、所在乎的、所耿耿于怀的东西,无非就像狮子早晨听到的鸡鸣、钻进大象耳朵的蚊子,原本是一些很小的微不足道的东西,却在我们时时刻刻的关注下,越变越大,似乎成了当下必须解决的事情。坏情绪会让我们看不清事物的本来面目。其实,当我们冷静下来,重新审视这些事情的时候,便会发现所有左右我们情绪和心情的东西，并没有我们想象中的那么糟糕，也不值得我们继续为之烦恼。

张志飞是一位长途汽车司机，在一次运输途中，汽车开着开着就突然爆胎了。张志飞下车检查，确定汽车必须更换轮胎。可是他的车上并没有准备千斤顶。怎么办呢？张志飞环顾四周，这时他看见路边的一家农舍里透着光，于是他向前走去，想向村民借千斤顶。

张志飞一边走一边在心里反复盘算着：要是没有人来开门怎么办，要是对方没有千斤顶怎么办，要是他们即使有也不借给我的话怎么办，要是他们就此讹诈我怎么办……张志飞越想越烦躁，无缘无故地对那臆想中的村民产生了极大的怨恨。

就在农舍的门被打开时，愤怒的司机忍不住一拳打了过去，喊道："你就留着你那没用的千斤顶吧。"这件事的结果可想而知。

在我们的日常生活中，很多问题都是自己假设的，很多烦恼都是我们自己寻找的，很多障碍都是自己设置的。是我们自己捆住了自己，自己牵绊住了自己。不要再无事生非，让我们自寻烦恼、自讨苦吃了。

契诃夫写过一篇著名的小说《小公务员之死》，大致的内容是这样的：

在一个美好的夜晚，一个小公务员伊凡·德米特里·切尔维亚科夫，在剧院里，不小心打了一个喷嚏，结果唾沫星子溅到了坐在前排的将军身上。小公务员担心极了，害怕自己得罪了将军，给自己带来许许多多的麻烦，于是不停地向将军报以深深的歉意，直到那将军不耐烦地命令他停止道歉。可是回到家后，小公务员还是心有余悸，怕将军还在生气，又两次亲自登门向将军道歉。结果将军终于忍无可忍了，把这可怜的小公务员赶出家门。故事的结尾是小公务员被吓得惶恐万分，一回到家，便瘫在了床上，怀着无限的痛苦与恐惧死去了。

故事虽然有些荒诞，但很犀利地指出了社会上有这么一部分人，胆小怕事，为人过于谨慎，常常把一件非常小的事情，想象成比天还大，为此整日忧心忡忡，心神不宁。人生在世，蹉跎了半辈子，我们何必还要自寻烦恼，自讨苦吃呢？做一个心胸澄明、开阔的人，倘若心灵一片阳光灿烂，那么烦恼、痛苦自然会避你三舍。

没有糟糕的事情，只有糟糕的心态

拥有智慧的人，凡事都会往好处想，以期待的心情想欢喜的事，自然成就欢喜的人生；而愚钝的人，凡事都往坏处想，愈想愈痛苦，从而成就痛苦的人生。

如果你希望事情顺顺利利，就千万不要把事情想得那么糟糕。没有糟糕的事情，只有糟糕的心态。若是你自己都放弃了希望，对事情的发展做出最坏的设想和担忧，那就休怪事情沿着你为它设计好的路线越来越糟。

那天，布朗医生的心理咨询室里，来了一位中国留学生——叶黎。

叶黎今年29岁了，原本在国内有一份人人羡慕的工作，但是时间长了觉得总是做重复的工作，仿佛一眼就能看到老，她就决定申请出国深造。

后来，叶黎顺利地拿到了奖学金，出国读博士。但是出来之后叶黎发现：没有明确的求学目的而出国是很痛苦的。语言的障碍和对研究方向不感兴趣等让自己每天度日如年，而且叶黎所选择的这个文科学科的博士需要至少六年的时间。

叶黎觉得6年后，自己可能会失去更多的机会，会失去一个女孩子在这个年龄应该有的生活。叶黎很痛苦，她在考虑要不要半年以后退学回国继续工作。但是，从小到大叶黎都争强好胜，现在的处境让叶黎很失落，怀疑出国是人生中最大的错误。现在叶黎干什么都没信心，打不起精神。

布朗医生听了叶黎的倾诉，对叶黎说："你的考虑是合理的。这时候的确应该好好想想，不要为了出国而出国，更不要为了好胜而出国。但是也不要为了恐惧而回国。问问自己，到底对这个博士的专业有没有兴趣？而自己读完博士又想要做什么工作？它符不符合自己的理想？"

布朗先生建议叶黎，遇到事情不要总是往坏处想，甚至坏到了"悔恨终身"。他说，年轻本身就是一种资本，既然做了决定就不要后悔，去做最好的自己，学会把握机会。在国外，可以让你开阔视野，让你了解另一种文化。最后布朗先生说："我相信一个受过中西方教育的人肯定是一个有价值的人！"

叶黎若有所思地离开了心理咨询室。原来现在并不是最坏的，出国也是一个不错的选择，自己没有理由去后悔，最重要的是把握好现在。

其实，遇事往好处想是一种健康的人生态度。这种人生态度让人本着积极与宽容来处事。往"好"处想与往"坏"处想虽然一字之差，却表现出两种不同的世界观：前者坚信自己的力量，坚信明天比今天更好；而后者则从悲观主义的宿命出发，失去了对自己的信心，失去了对美好生活的信念。

其实想想，"遇事往好处想"并不是解决一切问题的灵丹妙药，但却是一副健康的积极的生活良方。有了这副良方，也许问题尚未解决，但问题却找到了正确的解决方向。

前几天，夏丹的表姐出差了，表姐将她可爱的女儿安安送到夏丹家来，由夏丹帮她照看。

一天吃过晚饭，夏丹一家人欣赏着安安在幼儿园画的画，其中有一幅"蜜蜂追小熊"画得很漂亮，一只小熊穿着花裙仓皇逃跑，后面一群蜜蜂奋进追赶。

赞叹之余，夏丹问小安安："蜜蜂为什么要追小熊呀？"安安忽闪着两只大眼睛，调皮地说："你们猜猜啊！"

"是因为小熊偷吃了蜂蜜？"夏丹猜，安安摇了摇头。

"是因为小熊欺负了蜜蜂！"夏丹的老公很肯定地说，但安安摆了摆手。

"是因为小熊踩坏了蜜蜂的花丛？"夏丹的父亲也来了兴趣，可小安安还是说不对。

"错啦，你们都错啦！"安安嘟着嘴说，"你们别把小熊想得这么坏，好不好？那是因为小熊的裙子像花丛。所以小熊跑，小蜜蜂追。"

夏丹一家人愕然，原来在孩子眼里，世界是那么绚丽多彩，而在阅历丰富的大人眼里，世界却是如此糟糕，他们什么事情总往坏处想。

在日常生活和工作中，在遇到问题时，我们往往会把事情往坏处想，导致自己情绪激动，认为没有解决的方案了。其实，只要我们换个心情去看待这件事，事情远没有自己担心的那么糟。调整好自己的情绪，才能做高效的自己。

同样是人生，你为什么不能快乐一点呢

苏格拉底说："聪明人并不一味追求快乐，而是竭力避免不快乐。"人生只有短短几十年，可是生活中有太多的琐事，我们纠缠于琐事而白白浪费了许多宝贵的时光。试问，时过境迁，有谁还会对这些琐事感兴趣呢？

心中装满烦恼和抱怨的人生是匆匆的。乐观的人生，带给自己的是永远的自信和抹不去的微笑，拥有自信和微笑的人生是幸福美好的。能够快乐，我们为什么要让烦恼占据心中呢？让我们像丢掉垃圾一样丢掉烦恼吧，只有一颗快乐、祥和的心，才能感受到生命的丰盈和生活的幸福。

韩彬和荀康是一见如故的朋友，他们相识在一次朋友的牌局上。韩彬在北京有一个公司，而荀康只是一个北京随处可见的"北漂一族"。

一次打台球的时候，韩彬神情忧郁，十分憔悴，情绪非常低落。荀康很同情他，他不明白为什么这个朋友有房有车有钱，却还是这么忧郁。在荀康的询问下，韩彬向他述说自己的近况，韩彬说："最近公司不景气，接不到单子。公司里有几个骨干要求涨薪水，不然要炒自己鱿鱼。最近油价又涨了，都不想开车了……"

荀康说："就这点破事，你就消沉下去了？"

韩彬说："烦恼太多了。倒霉的事接二连三，真是太晦气了！我再也受不了了……"

就在韩彬滔滔不绝说个没完的当儿，荀康插话道："韩彬，告诉我怎么才能帮助你？"

韩彬说："那就帮我赶走烦恼吧！"

把韩彬所处的境遇仔细思考后,荀康觉得韩彬纯粹是自己找烦恼。画地为牢说的就是韩彬这种人,但作为朋友,荀康还是希望韩彬能快乐。

于是荀康带韩彬来到五坏外的郊区,荀康对韩彬说:"这儿的人都是无忧无虑、没有烦恼的。"

韩彬从车上走下来,原来自己的面前有块石头,石头上写着——霍营公墓。韩彬本想发火,可是想想这也是朋友的用心良苦啊,这些长眠于地下的人的确是没有烦恼的,而自己也的确是太执着于琐碎小事了。

菩提本无树,明镜亦非台。本来无一物,何处惹尘埃。敞开心扉,平和地对待生活中出其不意的事情,看淡它,放开它,并且不为之束缚。寻找快乐的源泉,快乐不在充满烦恼的世界里,只有把心中的烦恼倒出,你才能重新拥有快乐。

在人生的道路上,人们往往能勇敢地面对生活中那些重大的危机,却常常会被芝麻小事纠缠得苦不堪言。所以有人会抱怨:"让我们不快乐的常常是一些芝麻小事,我们可以躲开一头大象,却躲不开一只苍蝇。苍蝇不叮无缝的鸡蛋,正因为我们对小事见缝插针、纠结不放,所以才引来了讨厌的苍蝇。"让我们拥有一颗完整的、健康的、豁达的心吧,拥有之后,我们自然与苍蝇无缘。

有一个年轻人,他的生活中充满了各式各样的烦恼。小时候为父母的监督、老师的批评烦恼,长大了为自己平凡的相貌、自己的工作烦恼,就算早上一杯不够甜的豆浆和一张不够酥脆的饼也可以成为他烦恼的理由。

后来年轻人因为自己生活中的烦恼不堪重负,于是去拜访当地寺院中的一位老和尚。

老和尚听了年轻人的倾诉,在桌子上放了两个杯子,一个杯子满上了清香的茉莉花茶,而另一个杯子中却是污水。老和尚叫年轻人对着两个杯子好好反省，好好思考人生。

可是一天过去了，年轻人还是执迷不悟。老和尚说："同样是杯子，我的杯子用来装茉莉花茶，你为什么用来装污水呢？"

年轻人懵懂。

老和尚继续说："你的杯子里装满了抱怨，那样你的生活怎么能快乐呢？他人的生活之所以美好幸福，是因为他们的心装满了对生活的感恩。"

年轻人若有所悟。

很多时候并不是烦恼找上我们，而是我们在自寻烦恼。我们并不是为了烦恼而生的，所以不必自寻烦恼。将你身体内的烦恼赶出来吧，就像蒸汽从沸腾的茶壶口溢出。等所有的烦恼远离了你，你就会感受到那种久违的轻松，就像漫天的乌云散去，你的心中就只剩下明媚的阳光。

同样的杯子，你为什么要装污水呢？同样一张脸，你为什么写满忧愁呢？同样的心，你为什么要充满烦恼呢？同样是人生，你为什么不能快乐一点呢？

好运气都是自己赢得的

有人考上重点大学了，有人找到好工作了，有人大单子谈成了，有人下海淘金了，有人一夜暴富了，有人升迁发达了……我们总是羡慕别人运气好，抱怨自己运气差，却从没想过，其实好运气都是自己赢得的。守株待兔的老农，坐在树下等待兔子的到来，总有一天会被活活饿死。

聪明的人懂得自己制造机会，寻找机会。好运气和人的心态、习惯、人品有关，更和人的努力有关。我们不是童话中的灰姑娘，水晶鞋和白马王子不会突然从天而降。好机会需要我们用心去发现，用努力去换取。有人说，机会是留给有准备的人的。如果你没有准备好，即使天上掉金币，也只能把头砸个大包。

杨二车娜姆，在少女时代就大胆地走出了"女儿国"，"用自己的歌喉，用自己的美丽和天赋，征服了泸沽湖以外的人们"。有人说杨二车娜姆是摩梭人中的女杰，有人说她是"女儿国"的一道亮丽风景，也有人说她是东方最具魅力的女性。然而在当年，杨二车娜姆初到美国留学时，生活拮据，于是半工半读。她白天学习音乐和英语，晚上就在一个小餐厅当服务员。

就像所有检验人是否善良的故事的开头一样，一天一个面容憔悴、神情凄苦的老人，为了躲避外面的狂风暴雨走进餐厅。所有人都漠视他的存在，只有杨二车娜姆搬了一把软椅让老人休息，并自掏腰包为他买了饮料。为了让老人开心，还专门为他点唱了中国的民族歌谣，并热情邀请他参加中国留学生的聚会。渐渐地，老人笑逐颜开了。

两个月后，这位老人交给娜姆一封信和一串钥匙，信里装着一张巨额支票，娜姆惊愕万分。信的内容是这样的：

"娜姆，我年轻的时候收养了三个越南孤儿，为此一直没有结婚。可当我含辛茹苦地教育他们长大成人自立后，他们却抛弃了我这个养父。我退休前在一家公司当工程师，有着丰厚的收入，但钱对我这个历经沧桑、将要入土的老人毫无意义，我需要的是亲人的温暖和友谊。娜姆，只有你给过我这种金钱买不到的情谊。现在，我已回到乡下落叶归根，我把这一生的积蓄和房子都留给你，用这些钱来实现你源于泸沽湖畔的音乐梦吧。"

对于正直的人来说，你的正直就是你的机会。对于充满爱心的人来说，你的爱心就是你的机会。对于那些心存仁爱的人来说，仁爱就是他们的机会。当我们对他人施以爱心的时候，那么尽管它不会给我们带来直接的利益，但是它会为我们的未来埋下一个伏笔。有时候看似我们在"给予"，但到最后你会发现你"得到"的更多。

有时候，一个不经意间的举动，其实是对你的一种考验。有很多公司在招聘的时候，会考验应聘者的素质，成功的求职者会当着主考官的面捡起会议室里那个考官故意设计的纸团，从而稳操胜券。

摊开你的双手，然后握紧拳头，其实好运气就和命运，就掌握在你自己手中。千万不要相信世界上有"天上掉馅饼"的事情，所谓的机会和好运，都是通过努力拼搏得来的。人一定要胸怀大志，从小事做起，学会制造自己的好运气。

没人喜欢总是挑剔的人

挑剔有时候是一种善意的提醒，有时候是一种变相的促进，不过凡事都应该把握一个度，过犹不及，总是挑剔就是一种抱怨了。

如果你的朋友总是挑剔你，那么他并不在乎你们的友谊；如果你的领导总是挑剔你，那么他不是真的认可你；如果你的同事总是挑剔你，那么他不是真的愿意与你共事。

自从张升被另一个部门的领导发掘了以后，他发现工作越来越顺手。经过长期的适应磨炼，在月底，公司业绩单出来了，张升成了公司里杀出的一匹黑马，在部门所有人的业绩中排名第三，仅次于经理和副经理。张升一下子成了公司的风云人物，赢得了公司领导的一致好评。

张升回想起一年前，自己在原来的部门工作的情况历历在目。那时候，张升也是部门的新人，由于专业技术不扎实，常常犯一些错误，总是受到领导的责备和批评。

在一次外出执行任务，到另一家公司洽谈业务时，又遭到了领导的批评，这一次其实并非是张升的错，只是领导已经习惯责备张升了。张升很受打击，愤怒之余对领导说："明天我就……"

张升话还没有说完，话就被另一个部门的领导给按住了，那位领导用眼神示意张升冷静下来。事后，这个领导问张升愿不愿意去他们部门工作，因为在这次出访之中，领导发现张升有交际这一方面的才能，在自由活动的时候，跟合作公司的人员一下子就混熟了。张升很惊喜，觉得自己遇到了生命中的贵人，与其待在一个时时刻刻挑剔自己的领导手下做事，还不如找一个欣赏自己的领导。

原来部门的领导也乐意让出一个老是犯错的职员。张升在调往业务部门以后，一方面是因为想争口气，一方面也是他能力所在。功夫不负有心人，勤奋工作的张升，终于创造了公司里的奇迹。

人际关系对于每个人来说都至关重要，影响着一个人的业绩、升迁、心情和对自我价值的评价。人际关系是一面镜子，每个人在镜子中能看清自己、认识自己，能了解自己是否被大家接纳和欢迎，是否被大家欣赏和肯定。

如果你一直和一个总是挑剔你的人在一起，他时时刻刻挑剔你，让你觉得你似乎没有一个优点，没有一件事情可以做得漂亮，而你在他那里得不到肯定，得不到欣赏，自然就会严重影响你的自信程度，进而使你产生自卑的心理。

张晓萍是一个从农村来的女孩，高中毕业就外出打工了。晓萍在北京勤勤恳恳工作，工作之余不断加油充电，终于获取了会计证。经过努力，现在晓萍在一家公司当财务会计，因为晓萍努力的工作态度和一丝不苟的精神，公司的财务工作被晓萍打理得井井有条，而现在晓萍的薪水也比初来北京时翻了几倍。

人逢喜事精神爽，晓萍春光满面，原来经过朋友的介绍，晓萍恋爱了，真是爱情名利双丰收啊！对方虽然是个离异过的男人，但毕竟是名牌大学毕业，善良心细，还是北京本地人，更是长得一表人才。

公司里的人都说晓萍真是积了几辈子的德，今生修来这样一个男朋友。

不过，最近晓萍天天阴郁着一张脸，似乎也比平时更加勤奋了，但是细心的同事发现晓萍有时候会在公司卫生间偷偷地啜泣。

经过同事的苦苦"逼问"，晓萍终于说出了原委。

晓萍男友比晓萍大了整整一轮，又是曾经有过婚姻的男人，面对正是如花似玉的晓萍，他本该是疼爱有加才是。可是经过两个月的热恋期，男人似乎对晓萍有点厌倦了，嘴上说很爱晓萍，但晓萍从男友的言行上却得不到一点儿欣赏和肯定。

男友嫌晓萍是农村出生，嫌她是外地户口，嫌她学历低，嫌她没有女人味儿，嫌她不爱穿高跟鞋、不爱打扮，甚至嫌她挤牙膏从中间挤。

男友这样的态度让晓萍非常受伤，所有的一切在刚刚认识的时候他就是知道的，为什么到现在才嫌弃呢？这也是晓萍最近伤心难过的原因。

公司里所有的人都劝晓萍分手算了。但晓萍是一个传统的女孩，爱了就不想放弃，只想包容男友，宽恕男友，也开始按男友的要求改变自己，开始穿高跟鞋，开始学化妆。

可是事与愿违，直到又过了一个月，由晓萍苦苦维系的爱情终于破碎了，晓萍发现男友喜欢上了另一个女孩。

这世界上有一种所谓的完美主义者，高起点、高标准，习惯用严格条件要求别人，希望对方更完美些，强迫对方去改变。如果是严人严己的话尚可以原谅，但如果是严人宽己的话，真是让人厌恶至极。但无论是哪一种，对他人总是挑剔不断，没有人愿意与这样的人在一起。

所以远离这些所谓的完美主义者吧，如果继续和他们保持密切关系，只会导致两种结果，一种是你被完美主义者驯化，成为自卑、自闭的人，一种是你被完美主义者同化，也同样习惯于去不断挑剔别人。

第五章
亲爱的，你需要坚强

再苦也要笑一笑

世间尽是不平事，生活并不如我们所愿，本来你想这样，事情却偏偏背道而驰，即使付出了努力，付出了辛苦，也不一定能得到相应的回报。更有甚者，我们苦苦地追寻挥洒的汗水，却换来了一身的疲惫和遗憾。

生活看起来毫无道理可讲。有的人，从出生就一帆风顺，事业、生活、爱情都让人羡慕不已；而有的人从一生下来就注定是倒霉蛋，尽管在生活中也努力发奋，情场、职场却都失意。

这个世界上，绝对的公平是不存在的，我们每天都过着不公平的生活。快乐与否，与公平无关；成功与否，与公平无关。我们遇到不平事，也不要怨天尤人。因为，怨也没有用，生活就是这样，何不看淡些？

13岁时，因为家里经济条件不好，无法供他继续上学，于是他便辍学了。辍学之后，他开始帮家里做农活，帮别人打短工。14岁时，他们举家搬到了香港。只是没有钱，一家只能住在贫民窟里。他找到了一个建筑工地，因为个子问题，所以只能做些零碎活，赚点小钱，补贴家用，等房子建好了，他失业了。

　　后来，他进了装潢队。工作虽然辛苦，但他每一道工序都会仔细检查，争取做到最好。装潢队走了，他又不得不离开队里，于是他又失业了。

　　再后来，他去了一家餐馆端盘子。有一天，一位顾客来吃饭，吃出了一条虫子。顾客顿时火冒三丈，声称要把这家店砸了。老板把怒火对准了他，并把他开除了。命运之神似乎对他太不公平了，好不容易可以干久一点的工作，却也被老板炒了鱿鱼。

　　后来，他去了一家理发店。一次，他听到顾客说，要去参加电视台的舞蹈考试。从小就喜欢舞蹈的他听了猛打一个激灵，第二天就去参加了考试。由于灵活的动作和酷酷的长相，评委被他深深吸引了，并当即跟他签了约。

　　这样的机会，他倍加珍惜，两个月的培训后，他登台演出，他的人生之路开始出现光亮。后来香港一位导演在《晚九朝五》中为他争取了男二号，再后来他出演了《古惑仔》。他丰富的经历和情感体验让他成功塑造了"山鸡"的形象。

　　这部风靡全国的《古惑仔》，让他大红大紫，声名大噪，他就是陈小春。

　　苦难，其实是我们生命中一笔珍贵的财富。我们应该用坦然的心态迎接不幸和不公，冬天到了，春天还会远吗？当不幸和不公亲临你的时候，请不要让自己的心灵布满阴云，学会爱自己，对自己说："这一切都会过去，要珍惜生活中的每一寸光阴。"是选择痛苦还是快乐最终取决于我们的内心。

　　再不顺的生活，微笑着走下去，就是胜利。我们应该坦然、豁达地面对人生给我们的一切困难与挫折。我们身处职场，只有接受现实，才能放平心态，只有承认不公，才能够激励自己，尽己所能。

唐骏是"中国第一职业经理人"，为微软公司勤勤恳恳、尽心尽力，并两次成为比尔·盖茨奖得主。但就是这样一位人才，同样在工作中遭遇了不公平。

唐骏在微软工作的十年，无论是销售业绩，还是员工满意度，都是微软公司在中国历史上的最高业绩，更是改善了微软在中国的整体形象。

然而陈永正担任微软大中华区总裁后，开始实施铁腕政策，调整微软中国区领导团队，削弱了唐骏的权力，调走唐骏麾下的几大事业部市场总监。

后来，唐骏平静地跟盖茨说，他不是因为不喜欢微软了，不是失去了对工作的激情，而是因为自己的离开可以帮助微软解决结构不合理的现象。唐骏成了职场权利斗争的牺牲品，他选择默默离开微软。

这看起来对始终敬业奉献的唐骏来说很不公平，但唐骏却用豁达的心胸坦然面对，并在盛大重新找到了属于自己的位置。

"优胜劣汰，适者生存"，任何一家企业单位都看重员工对工作环境的适应能力。作为员工，如果你总是满腹挑剔，为不公平待遇整天怨天尤人，不但解决不了现实的问题，反而会因此耽误了本职工作。

世界本就不完美，面对生活中很多不公平的人和事，我们要学会宽容，要学会不过分强求。学会生活，懂得生活，就会看淡生活中的不平事。

在漫长的人生旅途中，苦难和挫折并不可怕，可怕的是我们心中的信念的萎缩和丧失。所以我们要微笑着面对生活，不抱怨磨难，不抱怨曲折，更不抱怨不公平。当你走过世间繁华，阅尽世事，你会幡然明悟：原来人生本不会太圆满，再苦也要笑一笑！

计较少一点,快乐就会多一点

人生在世,计较的越多,失去的也就越多。聪明的人,懂得取舍,懂得得失之道。

有一个小男孩,小时候的他计较家里给自己的零花钱少,计较邻居家的孩子穿名牌,自己却只能穿母亲给自己缝制的衣服。

后来,他上学了,开始计较自己的家庭出身,嫌自己父母的职业不及同学的父母,恨不得生在帝王之家,将相之门。

后来他有了女友,他嫌对象的家境比自己家还不好,计较对象为什么什么事情都做不好,甚至做不出一桌好吃到无可挑剔的饭菜。

后来他成家立业了,却还在计较妻子的容貌,责怪自己的孩子成绩不好。看着同学、朋友都混得比自己好,又怪自己命运不济。

最后,他老了,老得说不动话,也终于明白了,自己已经是个行将就木的人了,于是不再计较生活中的事情,看淡所有的事情。

即使是件小事,因为在乎,所以在你心里显得重要,因为重要,你会计较,计较多了,自己的胸襟容易变小、眼光容易短浅。计较得多了,计较会变成你的小气、不宽容和不信任,会变成无理取闹。这样我们就会失去更多,适得其反。

该放手时就放手,不要去计较。心存善念,多为对方想一想。对于很多事情,我们不是不在意,而是不计较。

对于在北京上班的人来说,北京的交通是个悲剧,公交站永远有那么多人,路上总会堵车,地铁站永远有上不了车的人。

小王的公司离家说远不远,说近也不近。但是小王厌倦了每天早上挤公交、挤地铁，于是打算买辆自行车，骑车上班。

几天后，小王来到了自行车行，里面的自行车五花八门，什么二八的，二六的，童车、赛车、山地车，应有尽有，看得小王眼花缭乱。

小王看中一辆山地车，很喜欢，也没讲价，付了钱，骑上车就往回家的路上走。

骑到小区门口拐弯处，碰见了公司的小吴。小吴"刺啦"一声把一辆新款电动车停在了小王面前，摘下安全帽，对小王喊："呦！这都什么年代了，还骑自行车呢。看俺这电动车多酷，节能环保，又安全舒适。"

说完，哈哈一笑，一溜烟走了。小王这个气啊，在单位小吴总抢他的风头，甚至好几次自己的好事都让他给搅黄了。哼，不行，我非买辆电动车不可，而且一定要比他的好！

小王去自行车行好说歹说退了自行车，又来到电动车行。一狠心，硬是刷卡挑了一辆最新款、最炫的电动车。车是到手了，小王突然发现，自己刚开始工作，存的钱本来就不多，现在因为买这辆簇新的电动车，更是所剩无几了，工资还没发呢，下个月的房租、取暖费、电费、水费、网费该怎么办呢？

其实骑自行车又何妨呢？既没有每天挤公交车和挤地铁的烦恼，又锻炼身体，愉悦身心，何乐而不为。所以不要再计较。就像小王一样，越是计较，越不会感到满足。所以心胸放开一点，计较少一点，对自己所拥有的多一点满足，这样，生活的快乐也会多一点，生活也更舒畅。

烦恼是生活中的家常便饭

人们都希望自己的生活中能够快乐多一些,痛苦少一些,顺利多一些,挫折少一些。可是命运弄人,总是给人制造更多的失落和麻烦。

很多时候,生活中的烦恼并非人生中的大事,而是一些家常便饭。事情虽小,但是"威害"却极大,没完没了,像夏天市场里的那些可恶的苍蝇,躲不开,赶不走,却叫人总是烦心又不如意,憋在心里郁闷,发泄出来又让别人觉得自己小肚鸡肠。

茜茜大学毕业以后一直没有交到合适的男朋友,朋友们都打趣她,说她不走桃花运。是啊,茜茜挺漂亮的,怎么就留不住对方的心呢。

很多人都她介绍对象,但她从来没有认真地谈过恋爱。来相亲的男性个个其貌不扬,而在生活中她中意的男性却都有女朋友了。

其实茜茜很想好好地爱一场,她讨厌孤独的生活。她对爱情没有太多的奢望,只希望能够遇到喜欢自己的男生。

茜茜作为一个大龄剩女,受够了一个人的生活。孤独无时无刻不笼罩着她,加上父母的催促,茜茜更是烦躁。

其实,茜茜也反思过了,只是因为自己太挑剔了,不是嫌他们的外貌不好看,就是嫌他们的工作不稳定,还会嫌弃他们生活中的种种在她看来所谓严重的恶习。她对小事的抱怨,着点看似并不重要,可这点恰好都是最让男生反感的地方。

在人生道路上,人人都会遇到绊脚石,而很多人都曾经试图摆脱,但却往往因为没有恒心而放弃,以失败告终。茜茜有两块绊脚石,一块是害怕孤独,另一块是抱怨。

公园里，有一群小男孩，他们处于最无忧无虑的年龄，在一起玩警察抓小偷的游戏。

其中一个男孩球鞋的鞋带总是松，在奔跑中，他时不时需要弯下腰来去系鞋带。所以游戏中，他总是处于下风，当警察时老是抓不住坏人，做坏人的时候老是被警察抓住。小男孩很不高兴，愤愤地责备着他那不争气的鞋子。

后来，小男孩再也受不了这拖后腿的鞋子，干脆把坏了的鞋一脚踢到好远，开始光脚在公园里奔跑。

小男孩光脚跑得比谁都快，小伙伴们怎么也抓不到他了。小男孩没想到，自己赌气的一脚，踢掉了阻碍他奔跑的鞋子，也踢掉了刚才所有的不快。

有时候牵绊住你的前进的脚步的，仅仅是一双不合适的鞋，阻碍你前进的道路的，仅仅是路当中的一块小石子。这时候，我们何不一脚踢掉鞋子，一脚踢掉面前的小石子。这时，你会发现，你重新获得了轻松和自在。

在遇到生活中的不如意时，一个人的心态很重要，别让这些芝麻绿豆的小事和不良心情坏了你的大事。不要太关注别人已经开着宝马奔驰，不要太关注别人能"呼风唤雨"。我们要做的是，停止抱怨，走自己的路，专注，持之以恒，一脚踢开那些琐碎小事带来的烦恼，千里之行最终会成功。

尊卑并不存在，芥蒂只在心中

卒是象棋中最平凡的棋子，看起来似乎微不足道，可有可无。有时候走了几步，就出局了。车、马、炮、相，随便哪一棋，都可以轻而易举地把卒轰下场，结束卒短暂的对弈人生。而帅却拥有至高无上的地位，顺我者昌，逆我者亡，见谁杀谁。可若是卒正好遇见帅，帅也只有被一个小小的卒征服的份了。在一场棋局里，尊卑本不存在，一个小卒，也能扭转乾坤。

从前，在广东范阳，有一个穷苦人家的孩子，他从小就很有慧根，六七岁的时候，听见有人在传播禅道"应无所住，而生其心"，便茅塞顿开，想皈依佛门。

于是这个少年不辞劳苦，跋山涉水，千里迢迢来到中原，想拜师入佛门。

他来到寺院里，虔诚地向大师磕头行大礼。

大师问："你从哪里来？"

少年回答："我从岭南而来。"

大师又问："你来这里做什么？"

少年回答："不求其他，只为学佛。"

大师笑了，想考验一下这个不远千里而来的少年，便调侃道："你是岭南南蛮，怎能学佛？"

少年听了这难为自己的话，并没有退缩，更没有恼羞成怒："人有南北之分，佛却无南北之异。"

大师很赏识少年，收他为自己的弟子。少年最后也成为修行大师。

尊卑本不存在，芥蒂只在心中。人，生而平等，并无尊贵之分。尊卑，在人与人之间是没有差别的，只要你不轻视自己，便无人能轻视你。没有人可以打败你，打败你自己的，只能是你自己。

在生命面前，没有贫贱尊卑之分，没有身份差异，没有官民，没有权贵。只要你赢得了他人的尊敬，人们就会为你留下一个尊贵的位置。

在这座经济高速发展的沿海城市，设计师约翰又一次展现了他卓越的才华。在约翰的设计下，一座现代化的摩天大楼拔地而起。这是约翰几年的呕心之作。

汤姆是当地一名在校中学生，有一天，他来到约翰设计的大楼下，留给他深深印象的，是主楼轻薄的构架。而这样的构架却是约翰精心设计的，这多像一只轻盈的海燕啊，翱翔在这海滨城市。

这位中学生汤姆从小对建筑有着强烈的兴趣爱好，一回家上网查资料，他发现大楼在这座城市的迎风面有一个三角形的一条棱边，如果遇到强风，风向改变，这时大楼单薄的墙体构造就成了受力最大的区域。他查到大楼设计者约翰先生的邮箱，并给约翰写了一封邮件，在信中汤姆说明了自己的发现和担心。

收到信后，大设计师并没有因为对方是一个年纪轻轻的中学生而对此事置之不理，他很重视这份邮件，并重新审视了大楼的设计，进行了风洞模拟测试，结果证实汤姆的推测完全正确，而这漂亮的设计也成了大楼的隐患。

不过约翰也不愧为一流的建筑设计师，在很短的时间内，他将一块吨级重量的构件吊上了大楼顶，一举解决了大楼的安危，使大楼成了建筑史上防风抗风的一座里程碑。

由于与他人之间的差异，便造成了我们的自卑。其实，何必自卑呢，我们每一个人身上，都存在自己还尚未察觉的潜质。中学生汤姆并未因自己是一个中学生，而对方是一位名设计师就放弃对大楼安全隐患的质疑，他信心满满，将自己的发现说出，避免了悲剧的发生。

尊卑是人自己对自己的看法，是自己给自己的定义。如果能把心态放正了，那么权贵者不一定就高贵，贫穷者也不一定就贫贱。别人看不起自己不可怕，最可怕的是你自己看不起自己。

忍辱负重，方显大仁大智

在日益忙碌的现代生活中，生气和愤怒无处不在：朋友间的隔阂反目；夫妻之间的吵架拌嘴；下属对领导的抱怨；老板对员工的指责；孩子顶撞父母；父母责骂孩子；饭店里顾客对上菜的速度破口大骂；地铁中的两个上班族因为踩了对方的脚而大有干架之势；甚至，上班途中的交通拥堵也能让我们坐在车里心神不宁、满腹牢骚……

生气是魔鬼，会直接影响人们理性的判断，常常使人思维混乱，强烈的愤怒情绪更会让人失去理智，不考虑后果，然后这个魔鬼便会吞噬你仅有的理智，酿成毫无回转余地的结局。台湾已过世的佛学大师圣严法师曾言："生气不能解决问题，只有用慈悲心或是用智慧来处理，才能真正解决问题。"

何佳曾是一家大型德资企业的白领，在公司中，她的能力是大家有目共睹的，无论是工作能力，还是业务总量，她都处于公司的领先水准。领导对她也极为肯定，短短两年时间，何佳便坐上了部门副经理的位置。同事们也都喜欢何佳的热情大方和率直自然的性格。

俗话说："成也萧何，败也萧何。"同事们发现何佳率直过了头。因为何佳有时候过于情绪化，不论对谁，只要她看见不对的地方，就不加保留地指出来，这让人感觉有点难受，所以何佳在公司人缘很好，但是交心的朋友一个也没有。

年前，公司提拔了一个新来的同事。何佳非常生气，无论是资历，还是能力和业绩，对方都不如自己，公司只有这样一个名额，要提拔也应该提拔自己啊。何佳越想越生气，于是气呼呼地跑到领导的办公室去与领导理论起来。虽然领导那儿早已准备了一堆理由，但还是被何佳质问得非常狼狈。

自此，领导对何佳的态度就有了180度大转变，还时常给她穿小鞋。何佳想不明白，为什么自己能力这么强却得不到升迁？为什么领导要处处刁难自己？于是何佳的情绪受到影响，每天都没有好脸色，同事们也不敢轻易同她说话了。

人都有自尊，纵使领导犯错，何佳是对的，但冲撞了领导总没有好果子吃。与其生气质问，不如收起自己的愤怒，踏踏实实工作，是金子总会发光的，而生气只能把自己推向一种不可回头的地步。

我们经常会遇到一些不公正的待遇，遇到一些蛮不讲理的人，遇到一些让你感到愤愤不平的事情。生活中不如意之事十有八九，与其大动肝火，不如冷静地想一想，为什么我们的生活会不如意？生气真的有必要吗？生气真的可以解决事情吗？我们为何要把时间浪费在无谓的生气与争执当中呢？

张林来北京三年多了，在这家公司也工作三年了，但是最近张林对这份干了三年的工作怨恨极了。在一次同学聚会中，他气愤地对一同学说："我兢兢业业地工作，起早贪黑，加班加点，领导却忽略我的存在，真是气死我了，真想哪一天跟他大吵一回，然后'炒'他鱿鱼。"

同学问："你们公司主攻哪边的市场呢？"

张林回答："国内市场不景气，主要还是走国际市场。"

同学又问："那你对于公司所做的国际贸易的技巧和方法完全弄明白了吗？"

张林抱怨道："还没呢，领导只让我干一些杂务，什么也不肯教我。"

同学循循善诱："'君子报仇十年不晚'嘛，我建议你好好地把他们的贸易技巧、出货渠道、合作伙伴和公司组织完全弄明白,甚至连怎么修理打印机的小故障都学会,到时候再辞职不干,你就相当于狠狠地赚了一把。把公司当作免费学习的地方,学业有成之后和那可恶的领导狠狠地吵一架,然后一走了之,不是既出了气,又学到了很多经验,一举两得?"

张林觉得同学说的有道理,平时见同学"闷葫芦"一个,原来还是很有计谋的,于是听从了同学的意见,从此便在暗地里偷学,常常下班之后,还主动加班研究商业文书的写作方法。

一年后,张林又遇见了那个同学。同学问道:"你现在对公司的业务多半都学会了,准备拍桌子不干了吗?"

张林满面春风:"可是我发现近半年来,领导对我刮目相看,最近更是委以重任,升职加薪,我都成为公司黑马啦!"

同学开心地笑了:"生气是解决不了问题的,要是当初你一气之下一走了之,就没有今天的成绩了。"

有人认为,忍让无争是十足的懦夫行径,殊不知这样的人才是真正具有大仁大智的人。压制住自己的怒火,忍辱负重,有时候是解决问题的最好方法。

第六章
管理好职场情绪，做高效的自己

面对指责，请不要暴跳如雷

在工作中，遇到批评和指责在所难免：

"又请假？天天就是你的事最多！"

"同样的错误，你怎么可以犯两次呢？"

"参加这么重要的会议，你竟然忘记带资料了？"

"这么简单的单子你都没有签成，公司养你还有什么用？"

……

常言道"忠言逆耳利于行"，可是毕竟"好话一句香千里，恶语伤人六月寒"。有时候批评太苛刻，指责的话太难听。人有三分情面，这些训斥的话语，不仅拂了我们的脸面，更伤了我们的自尊。

身处这种被批评、被指责的难堪局面，你的反应是怎么样的呢？很多人在面对指责时，往往会立刻暴跳如雷。"你怎么可以用这种态度对我?"士可杀,不可辱,于是恶言反击,来证明自己是手握真理的一方,不容污蔑。而另一些人则会感到羞愧不已,无地自容:"我真是一无是处,连这点事都办不好!"从而陷入自怨自艾的郁闷之中。

刘莉是一名普通的白领,在一家公司上班一年了,对于她的同学而言,她的公司的福利还算是不错的,不仅五险一金齐全,双休日和节假日也从来不加班,而且还有免费的午餐,但是吃什么都是公司后勤部安排的。

这天中午,刘莉和同事薇姐一起去食堂吃饭,刘莉刚掀开饭盒盖就皱起了眉头,开始抱怨:"啊,竟然又是番茄炒蛋,我最讨厌了。"薇姐听后什么话也没说,继续吃饭。

过了一会儿,刘莉又抱怨了:"这个公司真抠门,虽然说是提供免费的午餐,真是还不如我们自己在外边吃呢,伙食太差了,一周才吃几次荤菜啊。在家里,我喜欢吃什么,妈就给我做什么,哪里受过这样的委屈啊。这简直不是人吃的饭嘛,再吃番茄,整个人都变成番茄了。"

薇姐听得不耐烦了,受不了刘莉的脾气,直言批评道:"你有什么好抱怨的,公司的人都吃这个。"原本是薇姐好心的提醒、善意的批评,可是刘莉却觉得薇姐在有意刁难自己,一气之下,"啪"的一声,在桌子上摔了筷子,头也不回地走了,惹得全食堂的人都将目光投了过来。

很多时候,我们很容易走入一个怪圈之中,别人的一句话,就可以搅乱我们的心,消灭我们前进的勇气,让我们做出孩子气的傻事。比尔·盖茨说:"与其在那里抱怨命运,不如去改变它。"我们不能避免别人的批评和指责,但我们能避免让它们打搅我们的心境。

无论是来自领导的、家长的、同事的,还是朋友的,面对别人的批评与指责,我们都应该用一颗感恩的心接受,并乐于改正。要知道我们不是生下来什么都会的,是在不断地学习和改正中慢慢成长的。别人指出了自己的缺点和问题,让我们认识到自身的不足,如此我们才能掌握新的知识和技能,才能提高自己的业务水平。这么好的一个完善自己的机会,我们为什么还要暴跳如雷?为什么还要抱怨别人在找自己的麻烦呢?为什么还要消极面对呢?我们应感谢都来不及呢!

不把工作带回家,让烦恼留在公司中

不管初涉职场还是早已"身经百战",我们难免会承受工作上的压力:领导的不满,同事间的矛盾,下属的反戈,升职的困难,客户的无理取闹,常常把我们搅得心神不定、焦头烂额,我们不免心中起火。如果火气在下班之前还不能消除,我们就不可避免地把办公室里的阴云带回了家。看到爱人懒洋洋地躺在沙发上看电视,我们就觉得对方漠不关心;看到孩子把玩具扔得满地都是,我们边收拾边委屈。于是,说话带刺,牢骚满腹,在争执中伤了感情。

我们总是既想在工作上做出一番成就,又想过惬意的生活。但"鱼和熊掌不可兼得",结果往往患得患失,疲惫不堪。其实,我们忽略了一个简单的道理:工作就是工作,生活就是生活。假如把谋生的工具当成人生奋斗的唯一目标,无疑会让自己陷入不能自拔的困境之中,把自己弄得一团乱。

当身边所有的朋友都崇尚"回归生活"的理念时,小博却对此不屑一顾。他认为他有自己的生活方式,不必受条条框框的束缚。小博很少会在下班后把自己留在办公室,更不用说周末了,自然也不怎么加班,但他却不能否认自己经常把工作拿回家做。

每天一回到家,他便开始为尚未完成的工作而发愁,若是心情好还可以，先陪孩子玩半小时游戏或者陪老婆说说话，吃完饭后去书房工作。但是，只要工作压力一大，他一回家后就黑着脸，如果孩子问他一些问题，他就忍不住发脾气。可工作了一天的他疲惫不堪，工作效率低下，但他无法停下手中的活，也不愿离开电脑去陪陪家人。

假如这时发生一点很小的事都会使小博暴跳如雷，骂人、砸东西，整个人仿佛变了样，妻子和孩子都被吓得发抖。但是每次发怒之后，小博都很后悔，向妻子、孩子赔礼道歉，允诺不会再犯，但每次还是这样。

久而久之，妻子对他熟视无睹，孩子见了他也躲得远远的。小博开始害怕回家，因为家里的一切都无法使他得到放松和休息。渐渐地，他开始意识到，工作和工作习惯已经把自己几乎压垮。对着深夜里依旧闪烁的电脑显示屏，他发出一声长叹：是该回归生活了！

工作与生活是两码事，我们对其应该有不同的态度。工作中，不管你是白领、医生、律师、教授，还是司机，回到生活中，你就是你自己。倘若混淆界限，让工作占去生活的大部分的时间，是弊大于利的。工作是永远都做不完的，难道你真想为工作殉职？家庭不是一个人的世界，本来是休息时间，若你非得把成堆的工作带回家，你在家里埋头工作，把家人晾在一边，又如何尽到人夫、人妻、人父、人母、人子女的义务？有人说："幸福不是被巨大的灾难或者是致命的错误扼杀的，而是被不断重复出现的小错一点点分解掉的。"

某心理学杂志的一项研究显示，习惯将工作带回家的人，无论是在生理上还是心理上，他们比一般人在下班后更容易感到疲惫，情绪也变得更加暴躁。他们连续不断地工作，效率却远不如他们的期望。工作在左，生活在右。只有会生活，你才能更好地工作。

有一位老将军在退役后，把战场转移到了家里。从此，地图、望远镜是家里最为引人注目的陈设。老将军保留着军队里的作风，时不时地对妻子儿女颐指气使，经常以将军的身份压制他们。经常能听到他这样说："这是组织的命令，我们要以军人的标准做事，你们既然是军人的妻儿，那么只有服从服从再服从！"

在工作中，我们处理的是彼此的利益；而在家庭中，我们所处理的是彼此内心的感受，这需要爱。假如你能多一分理解和体谅，就会多一分温暖和舒心。我们必须把家庭和工作分开，家庭是最温暖的地方，千万别让工作中的不良情绪破坏了家的和谐。

32岁的俊民是一个会享受生活的人，天生的乐天派。他在一家汽车销售公司上班，可是最近任务特别重。这天，由于同事的工作失误，他也连带着受到了主管的严厉批评。下班了，当同事们还在因为主管的批评而无偿加班的时候，俊民按时下班了。

俊民先去幼儿园接上女儿，然后准备坐公共汽车。可是人还没上去，司机就关门，门把自己的左胳臂给夹住了。俊民本来想生气，但一想司机也是因为下班心急吧，情有可原，面对司机的道歉，俊民说："没关系，没关系，以后小心点就好。"

回到家，妻子正要出门去接女儿，却看见女儿和俊民一起回来了，就奇怪地问："你怎么不加班啊？最近不是说任务重吗？"

俊民嘿嘿一笑说："再重的任务，哪比得上在家陪娇妻和宝贝女儿呀？"

事业与家庭是人生的两大支柱。然而，这两大支柱之间，却存在着许多矛盾。要正确处理家庭和事业的矛盾，得养成一个良好的习惯——不把工作带回家。这意味着你不把工作的烦恼带回家，这样可以使家庭生活和谐快乐，也意味着你可以在家庭的温暖中使自己得到充分的休息，以更昂扬的姿态投入明天的工作中。

工作中有苦恼，我们也可以向家人诉说，但却不能把苦恼全部转移到家人的身上。要知道，家是你温暖可靠的后方，应该用心呵护。当你工作了一天，打开家门的时候，就应该把工作连带着工作中的不快乐全都拒之门外，带一份好心情回家。

在疲劳之前休息，才能更高效地工作

为什么你昨晚睡了将近11个小时仍然觉得疲累？为什么节假日去梦想中的丽江度假，回来后却并没有增加对工作的热情？人们都说到KTV当麦霸，去逛夜店，去游乐园像孩子一样疯玩就能忘掉工作中的不快，从而更带劲地开始新的一天，但是为什么我们总是尽兴归来心里只剩空虚？

马不停蹄地工作让我们疲惫不堪，我们背负了太多的责任和重担，于是我们活得好累好辛苦。我们冠冕堂皇地说这是来自外界的压力，来自社会的压力。那么在重重压力中，你学会给自己减压了吗？

在内蒙古辽阔的大草原上，有一对夫妇经营着一个牧场，两人辛勤劳动，牧场变得越来越大，生意也越做越大。夫妻俩更是在儿子的帮助下，开拓了网络市场，在网上开了商店，卖自己制作的乳制品，每天来光顾的人也不少。

但是，由于过度操劳，丈夫患上了失眠症，常常整夜整夜地睡不着觉，因为觉得自己年纪还轻，又不想依赖安眠药，所以他很苦恼。

于是妻子告诉他，睡不着时就躺在床上默默地数咱们牧场中的羊吧，这样便会慢慢地睡着。

晚上睡觉的时候丈夫试了一下，可是仍不奏效。妻子知道丈夫是个急性子，说不定数几下就烦了所以睡不着，于是妻子安慰丈夫道:"你准是心太急,必须专心地数,数到一万肯定有效。你再试试。"

第二天早晨,妻子问丈夫昨晚数羊是否睡着了。丈夫恨恨地说:"仍是一夜没睡。我数完了一万只羊,想象着,将这些羊剪了羊毛,梳刷妥当,纺织成布,缝制成衣,运往国外,全都卖出去,最后赚了300万元!等钱赚到,天已经亮了……"

心态不好,心静不下来,就连睡觉也得不到真正的休息。工作的压力使我们的生活无规律,精神紧绷,久而久之,便会威胁到我们的健康。保持健康最重要的方法就是使自己充满活力,而保持充沛的活力的方法则在于防止疲劳,防止疲劳最重要的方法则是休息。休息过后,你在清醒的时候就可以更有效率地做事。

亚健康的人们,钱袋鼓起来了,身体却吃不消了,这样就得不偿失了。紧张工作后要懂得自我调节,放松自己,不要等到累得不行了才想到休息一下。身体是革命的本钱,不要等到疲劳才休息,会休息的人才会工作。

生理学家发现人的心脏工作量大得惊人。一般情况下,若以心脏每分钟平均收缩70次计算,一天高达100万次,其搏出的血量足够装一节油罐。然而心脏却永不疲劳,这有什么奥秘呢?原来心脏在每次收缩之后,便立即休息,从心电图上可看出,心脏工作与休息的时间约为3:5。相当于一天中,心脏只工作9小时,而休息的时间长达15小时。

我们不应让工作成为生活的全部,工作只是为了更好地生活。我们应该是工作的主人,而不是工作的奴隶,忙碌的人们应该学会享受生活。

上个月,某市举办了一场很有意思的活动,叫作"交朋友大赛",比赛规则是看谁在24小时内交的朋友最多,不许以熟人作弊,作弊者一律取消比赛资格,任何人都可以报名,冠军有1万元的奖励。

消息一出来，应者云集，"外交能手们"纷纷来报名参加比赛。张凯也去报名了，大赛组织方就给他一支录音笔，每当成功交到一个朋友，对方需要说一段证明是朋友的话，最后谁的朋友最多，谁就是冠军。比赛规则规定从这一天早8点到第二天早8点，一声锣响，比赛开始了。

上百个外交能手奔向城市的各条街道，争分夺秒广交朋友。张凯来到了市里最繁华的商业街，和陌生人打招呼交朋友，这需要不断地尝试，哪怕碰一鼻子灰也不能后退。

到了中午12点钟该吃中饭了，张凯在街边随便找了家小馆坐下来吃了一碗面，再看街上，某些选手为了拿到那1万元钱，哪还有时间吃饭。张凯还打算吃完午饭后美美地睡上一觉，难道他不想要那1万元钱了吗？当然不是，只不过在张凯看来，劳逸结合才是最佳的工作方式，与其疯狂工作，倒不如先休息好再高效率地工作。休息后，张凯居然还到游戏厅打了一个小时游戏，打完后顿时觉得状态极佳，就在游戏厅交起朋友来，因都是同龄人，交起朋友来非常快，朋友数一下猛增。晚上，张凯在家里把录音笔拿出来听了听，统计今天的成果是"108人"。

第二天早上6点钟他就起床了，一直到早晨8点，他又交到了27个新朋友，所以，最后他的总成绩是"135人"。8点整的时候，他将录音笔交给了大赛主办方，在现场等待着结果。他看到其他选手一个个都筋疲力尽，为了1万元钱，可能熬夜了，这不禁使他失去了信心，从时间上来说，他是用时最少的，其他人连吃饭睡觉的时间都搭上了，而他还有心玩游戏，他会最后赢得比赛吗？

就在这时，主办方领导开始宣布最后结果，一个身穿红色套装的中年女士说道："我宣布，本届交朋友大赛的冠军是——张凯！"

那些静静躺在海滩休假的人们，告诉我们懂得休息是一种难得的境界。休息绝不是一种颓废，休息是一种休整和积蓄。疲劳对人体来说是一种保护性机制，人们应该学会在身体尚未疲乏时就休息。

如何做到在疲劳前休息呢？方法各种各样，坐得过久了就起来走动走动，活动一下四肢，并和同事说笑一会儿。可以在打印完一份文件后揉揉眼睛，伸伸手臂，远眺窗外看看绿色。可以在午餐时间出门晒晒太阳。在家做家务时也不妨逗逗孩子，听一曲乐曲。美国企业管理学家亨利·福特说："能坐下的时候我决不站着，能躺下的时候我决不坐着。"

不要在情绪失控时做决定

朋友间的反目，夫妻之间吵架拌嘴，下属对领导的抱怨，领导对员工的指责，孩子对父母的顶撞，上班途中拥堵的交通……生活中有太多的事情让我们情绪失控，让我们生气，让我们暴跳如雷，愤怒不堪，甚至让我们冲动地去做一些不可理喻的事情。

常言道："生气是魔鬼。"人一生气，就会说傻话、做傻事。生气不能解决问题，却往往带来更加糟糕的局面——让我们的工作和生活变得一团糟。为什么呢？因为生气会直接影响人们理性的判断，常常使人的思维混乱，强烈的愤怒情绪更会让人失去理智，意气行事，不考虑后果，然后生气这个魔鬼便会吞噬你仅有的理智，酿成毫无回转余地的场面。

所以，生活中尽量少生气，情绪失控的时候不要做决定，因为冲动的惩罚往往是你始料未及的。

生活中我们时常会遇到一些不公正的待遇，一些蛮不讲理的人，一些让你感到愤愤不平的事情，与其大动肝火，不如冷静下来。

假如在理智弱于情绪的那一刻，给自己三分钟的冷静，你就会发现，魔鬼就在身旁。英国唯物主义哲学家培根曾说："愤怒，就像地雷，碰到任何东西都一同毁灭。"因此，在某些情况下，我们要学会忍耐，用平和的心态来解决问题，而在情绪失控的时候千万不要做重要的决定。因为多一点清醒，就少一点失误；多一点理智，就会少一点后悔。

那天，黄历上写着四个大字：诸事不利。向厚鸿佩服古人有先见之明，这不，一大早就和老婆因为孩子的教育问题而大吵了一架。而那个不知好歹的孩子上学前还向自己要了300块钱，不是因为买书，也不是因为要添置班里的学习用品，偏偏是昨天儿子在学校与人打架，砸碎了玻璃。

最后，向厚鸿摔门而出，在上班的路上总觉得看什么都不顺眼，心情糟糕透顶，自己的妻子怎么这么不理解自己的心情呢？自己的儿子怎么这么不争气呢？

向厚鸿气呼呼地来到了办公室，倒了一杯茶，想平静一下情绪，不料，还没有好好地喝上一杯茶呢，秘书就急急忙忙地进来了，而且连门也不敲。

"什么事情？"向厚鸿不耐烦地问。

原来秘书是来问程总的合同要不要签。不提还好，一提向厚鸿又忍不住生气了，自己一退再退，那程总居然得寸进尺，真是太气人了。于是向厚鸿说："不签了，让这单子见鬼去吧。"秘书还想说什么，向厚鸿摆摆手请她出去了。

一周后，内部消息，程总居然与自己的劲敌公司签上了合同，那可是一笔盈利可观的单子啊。向厚鸿后悔不迭，觉得那诸事不利的日子倒霉透了，也恨自己在情绪失控的时候做了这么大的一个错误决定。

假如你不懂得控制自己的情绪，任它们不分场合、不分地点、不分对象，总是肆无忌惮地发作，那么只能说明你太幼稚了。

德国有一句谚语说："耐心是一株很苦的植物，但果实却十分甜蜜。"很多人做事往往没有耐心,常常控制不了情绪,更让情绪成了自己的主人,而情绪这个"主人"也往往坏了我们许多好事。所以,我们要记住,不要再闹情绪了,即使情绪失控,也不要在失控的时候做决定,也别再让人把你当成小孩子来看待,三思而后行。

面对晋升,我们要保持一颗平常心

在职场中,人们对他人职位的晋升往往存在消极思想,存在攀比心理,谁升职了,首先想到的是他有什么关系,是不是有大靠山、有大背景。还会比较,他和自己同时任职,凭什么他提升了,自己还是碌碌无为。凭什么原来的下属,现在爬到自己的头上……越想越生气,心理越不平衡,越想越比,牢骚越多,也就越没了干劲。

职场的竞争越激烈,所承受的职场压力也越大。每一个人在职场中或多或少会碰到一些不顺心、不如意或不公平的事。面对职场的晋升,最重要的是我们要保持一颗平常心,以不变应万变。

采薇大学毕业后,和大部分人一样,成了办公室的一名普通职员。一年下来她觉得自己是这个世界上最不幸的人,作为典型的80后,生不逢时,没有好工作,没有钱,没有房子。在北京这个大都市打拼,每月的薪水却少得可怜,而且还要早出晚归,路上的交通堵死了。

这些天采薇觉得北京的天空又灰暗了许多。原因是和采薇一同进入企业的同事经过一年的磨炼终于获得了升迁的机会,而自己却什么也没有,没有晋升,没有加薪,她心里很不是滋味。天天看到那个得到重用的同事一脸神气,采薇真是羡慕嫉妒恨。现在采薇更是经常无偿加班，把自己搞得很累。

直到有一天，她碰到同一幢公寓的以前在工厂打工的女孩，女孩一脸羡慕地对采薇说："像你这样有份工作多好！我们厂子不景气，我已经快半年没班上了。"

采薇向她抱怨上班太累了，正想辞职不干呢。

女孩惊讶地说："到哪儿不受气？喝凉水还嫌塞牙呢！你应该好好珍惜。"

采薇怔住了，不知如何回答。认真想一想，她才发现，自己并非一无所有，生活其实还算蛮好的。原来自己的不快乐，皆因自己太过浮躁，缺少一颗平常心。

平常心，其实并非深不可测的学问，也不是玄奥奇妙的禅语，它只是看花是花，看山是山，吃饭时吃饭，睡觉时睡觉。看似简单，做起来却不是那么容易。世上本无事，庸人自扰之。人们总是喜欢自寻烦恼、自讨苦吃，办公室里的是非纠纷往往就是由此而起。

职场如战场，许多同事平时看似一团和气，然而遇到利益之争，就当"利"不让。或在背后互相谗言，或嫉妒心发作说风凉话，这样既不光明正大，又于己于人都不利，小则伤了大家的和气，工作不顺利，大则常常会产生矛盾，使生活阴云密布。所以对待工作，我们要时刻保持一颗平常心。

公司的人事经理高经理因为进修离职了，他走之前曾推荐李文哲接替自己的位置，可是令人们奇怪的是，最终接替他的却是另一个部门的淳静。办公室里有人为李文哲抱不平，认为淳静没有一点比得上李文哲。李文哲却显得心平气和，说淳静有许多优点，比如善于交际，又活泼好学，适合做人事工作。

淳静实际上是问心有愧的，她用了一些手段才爬上这个位子。可是令淳静惊异的是，李文哲不仅没追究，更是在同事面前说了自己的好话，于是在意外之余，颇有几分感动，感到李文哲的确很大度，就像同事们说的，真是个有胸怀的男人。

第二年年初薪资调整，李文哲的工资涨了不少，不久，李文哲被公司任命为另一个职能部门的总经理。看来，作为人事经理的淳静，想必在其中起到了不小的作用。

李文哲走后，同事们都说李文哲当初下的是一步"以退为进"的棋，若是当初与淳静争执不休，非要搞个水落石出，最终无非是"鱼死网破"。好在李文哲是个聪明人，继续好好工作，静观事态发展，效果就比硬碰硬地争吵来得明智多了。

调节心理失衡的方法多种多样，关键是找到最适合自己的。在遇到不顺心时，我们可以转换一种方式思考问题。生活着工作着，是件快乐的事情，不怕别人为难你，就怕自己为难自己。同事之间各有长短，拿自己的缺点与别人的优点比，必然会比得垂头丧气，信心全无，又何谈快乐。

职场的竞争就像下围棋，你围住人家的时候，要留"眼"，这才是活棋。给人家留一点余地，才能去围别的地盘。

悲观的心态会泯灭希望

曾有人做了一项调查，调查的对象是50名患过心脏病的人，这些人里有人乐观，有人悲观。8年后重访，发现悲观的25人中去世的有21人，乐观的25人中去世的有6人。这个调查让我们领略到了悲伤的杀伤力。

其实，有些时候那些让我们伤心、痛苦、焦虑的事并没有多么严重，只是我们善于在自己的想象中夸大事实，拿起放大镜将心中的悲伤放大，然后便越来越悲观并沉迷下去。只有把悲伤一一释放,用微笑去面对生活,你才能轻松上路,找回属于自己的幸福。别以为你被永远地打倒了,站不起来只是因为你把悲伤放大后压得自己喘不过气。

肖晓在工作中的表现一向出色,领导非常器重她。可一天由于她的粗心,在做报表时犯了个不该犯的错误,险些使公司蒙受巨额损失,幸亏领导及时发现并采取了补救措施。

领导火冒三丈,狠狠批评了她一顿,指责她工作太不认真了。当她从领导的办公室出来的时候,听到同事们幸灾乐祸地说:"她也有今天啊!"犯了这种低级错误,肖晓已经很自责很难受了,听到同事们的这种话,她心里更加难受了,虽然极力忍住,但眼泪还是不自觉地掉落下来。

肖晓觉得自己犯了一个天大的错误,要不是领导及时发现,差点就让公司蒙受巨大损失,要是那样,自己就算倾家荡产也还不清。肖晓害怕领导会因为这件事情开除自己,这可是毕业以后肖晓的第一份工作,而且经过四年的努力,自己现在已经是副经理了,前途一片光明,要是被开除……肖晓简直不敢想象下去了。

职场上,有人被领导训斥,或者被同事攻击,都容易引起情绪上的巨大波动,进而影响工作上的表现,工作状态不佳又会引起对自身能力的质疑,**这就是一个恶性循环**。当碰到工作中的挫折时,你不妨一笑而过,将悲伤、生气的负面情绪阻隔在办公室之外。

当一个人有了积极的心态,那他眼中的世界就会大不一样。就算自己每天吃泡面,怀才不遇,但他的世界还是会充满光明和希望。

如果你一直让负面的心态占据你的心灵空间,那么就算让你中了500万的彩票,你也认为那是坏事一桩。因为你害怕中了之后,会招来杀身之祸。

元冰峰是个悲观主义者,总爱胡思乱想,给自己添堵。公司年终评选,他觉得自己一定没有希望,不免唉声叹气;早上向某个领导打招呼,领导好像没看见,他觉得说不定自己什么事做错了……总之,他就是对所有事都抱有悲观情绪,精神一直处于不安当中。

妻子建议元冰峰去看一下心理医生。后来心理医生建议他每天写20分钟日记,把悲观的情绪忠实地写在日记里,并用一切理由说服负面情绪。

元冰峰按照医生说的做,坚持写日记,遇上自己爱猜忌的事,便在日记里说服自己。他在一篇日记里写:"今天我在楼梯上向局长打招呼,可局长阴着脸,皱着眉头,理也没理我。我想他态度冷漠不是冲着我来的,八成是家里出了什么事,要不然就是挨了上级的批评。"

他还在另一篇日记里提醒自己:"我翻阅上月的日记,发觉那些悲观情绪完全是庸人自扰,现在完全消失了,我以后应该用积极的心态去看待所有事情。"

后来,元冰峰坚持写了5年日记,发觉自己处事的态度有了很大的转变,遇事尽量不去往坏的地方想,总是告诉自己,事情有哪些积极的因素。

悲观的心态会摧毁人们的信心,使希望泯灭;悲观的心态就像一剂慢性毒药,吃后会让人意志消沉,失去前进的动力。不要让内心悲观的情绪遮挡了双眼,更不要拿着放大镜,把一点点错误和小小的悲伤无限扩大。

请用一秒钟忘记烦恼,用一分钟想想阳光,用一小时大声歌唱,然后,用微笑去谱写人生最美的乐章。

有张有弛,拒绝做"工作狂"

人在职场,身不由己,我们听惯了不断进取的职场金言。可是,晋升、房子、车子、票子等各种压力也逼得职场中人快马加鞭,努力奋进,生怕有朝一日被淘汰出局。职场人是要把职业当成事业的人,但是我们并不崇尚职场"工作狂",为了工作累坏了身子,为了工作牺牲自由,为了工作忽略家人,不值得。职场人也是平常人,需要正常的工作和生活,因此,职场中,我们应该拒绝做工作狂。

嘉美今年年初在一家不大也不小的公司做了一个职员,现在她对自己的工作非常满意,也非常享受自己的生活。朝九晚五,准时上下班,下了班还可以去逛个市场,为家人准备丰盛的晚餐。也有悠闲的双休日,很少加班。

想起一年前在那家外资企业上班的日子,嘉美直到现在还是觉得像个噩梦一般:作为文员的她,除了公司的分内工作,还要给领导和老板做"生活助理"。一天8小时的工作就像是在打仗一样紧张,忙完这个又要忙那个。大到公司的计划总结,小到一张机票都要她定,一杯咖啡也要她冲,而周末更是需要加班。因为领导的依赖,嘉美连请病假也要提前三天申报。

有一回,嘉美得了急性肠胃炎,发着高烧在医院吊针的时候,老板竟然还来了好几个电话。工作压力大,加上小病不断,令她心情烦躁,那时候在公司自然是不敢把火发出来,回到家几乎天天跟丈夫吵架冷战。后来,公司领导提出要给嘉美升职加薪水,但被她当场委婉地拒绝了。

现在嘉美换工作了,虽然薪水少了,但她乐得清闲,工作没有压力，领导的任务可以保质保量地完成，睡眠充足，劳逸结合，人也开朗起来。

人在职场，要培养一颗"不争之心"。这里所说的"不争"，不是什么都不做，而是要有原则地把欲望控制在"知足"之内，根据自己的能力，根据自己的实际资源来期望自己，协调好工作和生活的关系。不要成为"要职位不要生活"的工作狂。同时要切忌和同事攀比职位、攀比薪水。要知道"天外有天，人外有人"，只看到自身的优点是不够的，我们要学会用欣赏的眼光去看待别人，找出自己的不足，尽可能地弥补自己，提高自己。

周三，天意广告公司的三位首席设计师一起到游戏厅痛痛快快地玩了一把。原来，他们把这个月的工作量已提前并超额完成了，而本月薪水也已封顶，所以他们决定要彻底放松一下。

一打听，原来天意公司实施"封顶薪水"制，设计师基本工资为5000元，并实行计件制计薪，但每人每月完成的最高作品量为15件，超量不计薪。公司有此决定，旨在提倡员工科学安排工作时间，提高工作效率，以保证员工良好的工作状态。

说起来，事出有因。今年5月初，该公司年仅27岁的优秀设计师赵冈，工作的时候突然晕倒在办公室内，同事们马上将其送往医院，检查结果表明，他没病，只是因过度疲劳而致突然休克。赵冈为了买房买车，经常争着接订单，并常在办公室内挑灯夜战，有时双休日也不休息，所以导致了休克。

这件事情引起同事们的恐慌。经理进行了调查，发现公司有多名设计师为提高个人收入，经常加夜班，以便再争得新订单。有时，为追求作品量，而忽视了设计质量。对此，公司确定了"封顶薪水"制。这薪水"封顶制"使大家开始注重劳逸结合，同事们的工作状态更佳，生活也更加充实了。

每个人都应该抛弃只顾工作不顾休息的念头。不会休息的人，绝对不是一个聪明人。老想着表现自己的超强能力，把别人踩在脚下，只会让自己成为众矢之的，只会带给自己无尽的压力。而老想着加班加点，赚更多的钱，也会让你的身体发出危险警报。

其实，工作的奥妙就在于有张有弛。一个人若总是处于紧张状态，久而久之就僵硬、麻木了，反之总是处于安逸状态，也就会变得懒散、颓废。我们不做工作狂，有时候，体验一下悠闲自在的生活又何妨呢？

领导的批评是前进的动力

人在河边走，哪有不湿鞋；人在职场拼，哪能不挨骂。人非圣贤，孰能无过？即使步步为营，我们也难免有犯错的时候，这时候就免不了挨骂，谁让你身边还有一位叫"领导"的人物呢。

在职场中生存，被领导训斥是最窝火不过的事情：批评对了，面子上下不来；批评错了，就觉得满腹委屈，比窦娥还冤。胆子大的会据理力争；性格软弱的只好眼泪汪汪，有苦难言了；自尊心强的更会因此而心存怨恨，心生去意了。

特别是初涉社会的大学生，社会经验不足，工作技能不精湛，出现差错而被领导批评更是家常便饭了。虽然说忠言逆耳利于行，但多数人是很难以积极的态度对待批评的。

领导的存在关系着我们切身的利益。我们在和领导的相处过程中不免有矛盾，处理这些矛盾的时候我们应该冷静下来。首先要想想自己的责任是什么；然后再考虑为领导的批评而抓狂值不值；最后反思一下是否自己也存在不足。

周舟是公司的中层领导，虽然也有自己的下属，但上面还有三位严厉的领导。

最近一段时间，因为季节性因素，公司的产品没有前几个月那样好的销量了，所以周舟一周之内连续受到三位领导的责备。周一A领导脾气几乎突如其来，没有任何铺垫，上一秒还是乐呵呵的，接下来就直接开骂，语调升高情绪激动，就像一场可怕的火山喷发；周三也是灰色的一天，一早上就被B领导叫到办公室，B领导训人不动声色，有一大段前奏，谈话结束，周舟才恍然大悟自己今天又挨训了；周五周舟又被C领导批评，C领导语气严肃，没有任何表情。

这一周，周舟的心情奇差无比，开始对领导不满意，并发现自己因为领导的批评渐渐失去了往日的自信。而面对下属，等小周意识到时，发现自己早已学着自己的领导，竟然对下属莫名其妙地发了一通脾气。

我们之所以会对领导心存芥蒂，无非是因为自己的努力得不到领导合理的肯定，自己的工作得不到领导的理解。于是我们很喜欢将问题简单地归咎为"我的领导很喜欢找我的麻烦""我的领导脾气不好，动不动就训人"，我们慢慢地就讨厌起领导来。

其实反过来想一想，领导的任务只是让公司更好地运作，而当公司因为我们犯的错误而给公司造成亏损时，在组织系统中，领导对下属有监督控制指导等权力，作为管理人员的领导，碰到这样的情况，自然是要批评下属的。换作我们是领导，也必然会这样做，因为领导的批评是前进的动力。

在职场中学会休闲

我们每天穿梭在职场中，一张不大的办公桌，一个厚厚的文件夹，一台笨重的电脑，人人都在自己的一亩三分地里勤勤恳恳地耕作。每天琐碎的文件，琐碎的单子，琐碎的报表，这所有的琐碎构成了这琐碎又劳累的工作，也劳累了我们的身心。

聪明的人会不惜代价，去赢取娱乐休闲的时间。休闲以后，他们就能带着清醒的头脑、饱满的精神和新的希望，重新投入工作。花掉一些时间休闲，我们将获得充沛的精力和能量，使我们对生命、对工作、对事业有一种新的认识。聪明的人会痛痛快快地享受生活，彻彻底底地放松自己，在休闲中，玩出一份好心情。

与其花钱去医院看病吃药，不如到乡间去寻找健康。自然界的治疗能力有时超乎想象。每年放长假坚持到乡下去呼吸新鲜空气、娱乐健身、休闲度假的人们，健康而充满活力。

娅茹在一家大型德资企业担任策划部总经理，平时雷厉风行，办事果断利落，工作认真拼命，对下属的要求自然也非常严格。娅茹认为，身为部门负责人的她，承受着巨大的压力，不拼命工作、没有威严都是行不通的，虽然有傲人的工作业绩，但令人郁闷的是，身边很多朋友都说她越来越没有女人味儿了，就连丈夫也说过一次。

娅茹是一个追求第一的人，工作压力使她在工作上越来越争强好胜，敢打敢拼。但由于平时经常加班，她对家庭的关心越来越少，和丈夫缺少沟通，经常产生家庭矛盾。最近她的心情也变得比以前烦躁，时常发脾气，还经常失眠。

娅茹记不得上一次和丈夫一起去丽江度假是什么时候了；也记不得已经有多久没陪孩子出去逛街买玩具、带孩子去公园玩了。娅茹意识到，自己好久没有好好休息了。

托尔斯泰说："在小圈子里中魔发疯的人，好像觉得整个民众也和他们一样丧失理智。"生活中背负太大的压力，会让人感受不到生活的快乐，不妨走出自己生活的小圈子，到大自然中放松自己，学会休闲，享受休闲。"闲"作为一种人生哲学，更是一种生活的艺术。只要懂得这一点，你就会懂得放松，懂得收敛，懂得有所作为和有所不为。

其实休闲很简单，忙了一上午，中午的时候和同事听听笑话，说说心事，聊聊家常，下午工作的时候不妨安安静静地喝下午茶，傍晚的时候去江边散散步，周末的时候和朋友去登山、去郊游……这都是休闲。

娟妍已经是个身经百战的职场老手了，经过这十年的努力，娟妍终于成为一家日企的高级客户经理，一手掌管着公司所有的客户业务。虽然工作十分忙碌，但对于娟妍来说就是小菜一碟。然而业务繁多，再能干的娟妍也免不了疲惫不堪。

去年公司传出娟妍又要升职的消息，说是要升她去华北区做地区经理，这可是一个人人垂涎的职位啊！可是娟妍却突然申请停薪留职，去日本留学一年。说是留学，在美丽的伊豆，其实是休闲度假，公司里人人都说娟妍想得开。

今年学业有成，娟妍回来了，与一年前的娟妍完全不一样，她神采奕奕，经过一年国外的调养，完全看不出一年前疲劳不堪的样子。重新回到工作岗位的娟妍却被调到了另一个部门做经理，不过职务级别和薪水都比原来低了。同事们都说娟妍真傻。

而娟妍却说："很高兴能在'被人遗忘的角落'里韬光养晦。"

一年的进修显得匆忙，闲适的工作有利于她消化一年来所学的知识。另外，娟妍觉得现在的部门虽不起眼，但未来的发展前景却比之前的部门要好。

休闲，是把心静下来，享受生活，这是人生最好的境界。安静，是因为摆脱了外界虚名浮利的诱惑，丰富了内在精神世界的宝藏。真正做到心静，才能从容而不急迫，自由而不拘谨，审慎而不盲从，恬淡而不凡庸。"心收静里寻真乐，眼放长空得大观"，这样的休闲能说不是一种境界吗？

德国哲学家叔本华说："人们不受事物的影响，却受对事物看法的影响。"变换一下自己的看法,休息一下,停下脚步,闹心事就不再闹心了,烦心的工作也不烦心了。懂得休闲是一种智慧,能使人找到快乐,找到生命的意义。你还在忙忙碌碌加班加点吗?你还在烦躁的心情中坚持工作么?不如休闲一下吧,学会休闲,养出好心情。

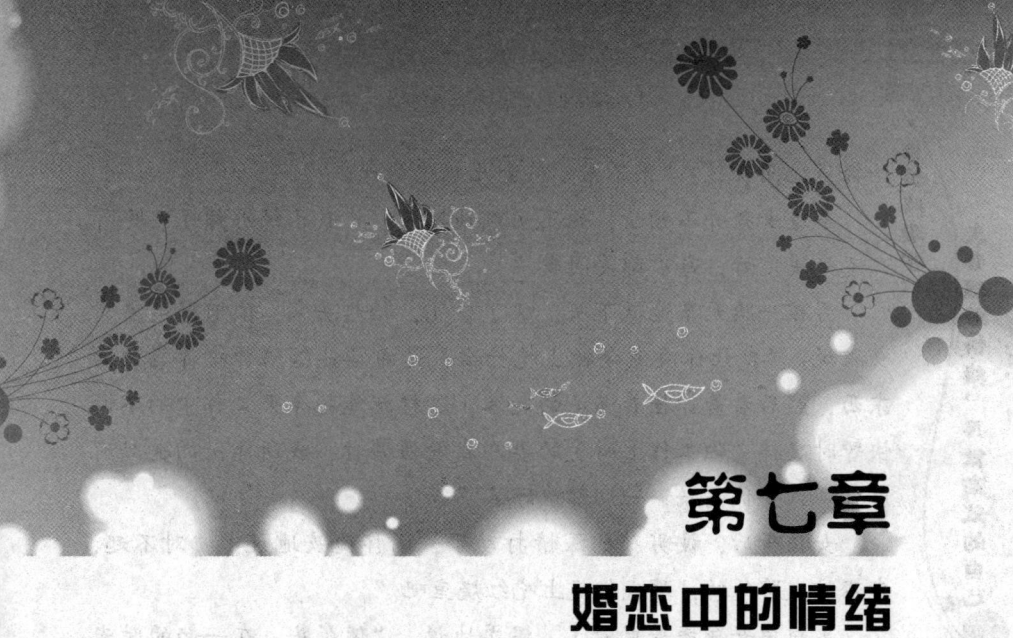

第七章

婚恋中的情绪

既然相爱，就不要用怒气考验爱情

在恋爱的时候，人们总爱考验对方，看看他们的爱情是不是可以修成正果。可是人们往往想不到，当过五关斩六将后，两人真正在一起的时候，往往发现，爱情的危机防不胜防，苦苦追求的爱情最后坏在了频繁的争执之上。

人们在爱情失败后总结出，自己过于忽视对方的感情，又太任性地发泄自己的感受，结果反而丢掉了最珍贵的东西。原来，爱情穿越了时空的阻隔，突破了众人的阻碍，却经不起怒气的考验。

下班高峰期，北京的一号线地铁被拥堵的人们挤成了沙丁鱼罐头。

可能因为人多，男孩用手护住女孩的头，怕后面的人挤到她，并轻声地问女孩："累不累？待会儿想吃些什么？"

不过女孩并不领情，她不耐烦地回答："我已经够烦了，吃什么不先决定好，每次都要问我。"

男孩一脸无辜地低下头，叹了口气，抬起头来，依旧微笑着对女孩说："我让你决定今晚上吃什么，是希望能够陪你吃你喜欢的东西，然后看着你挂着满足的笑容，这样就能把今天工作中的不愉快暂时忘掉。你工作上所受的委屈我没法帮你，我所能做的也只有这样。只要你高兴，一切都就好了。"

女孩听后，被男孩的深情打动了，满怀愧疚地说："对不起，我不该发脾气的，那我们晚上吃红烧鱼吧。"

男孩把女孩搂着更紧了，温柔地说："傻丫头，在一起的时光不是用来生气的，只要你开心就好了。晚上我们就吃鱼吧。"

有缘千里来相会，无缘对面不相逢。恋人之间、夫妻之间，因缘相牵、相知、相守。一个"缘"字，便把远在天涯海角的两个人紧紧地连在了一起。两个人相爱本就是来之不易的缘分，为何要用生气来抹杀这难得的缘分和幸福呢？当爱情中出现小摩擦时，出现意见不合时，我们要心平气和地对待，然后用爱和勇敢去化解，而不是用怒气来解决。

在和亲爱的人生气之时，在怒火被点燃之前，多想想"我不是为了生气而和你在一起的，和你相遇本就是一场美丽的约会"，那么怒气就会消减大半。

静嫣在和闺密聊天的时候，闺密无意间透露出，有一次看见静嫣的老公在和别的女人在一起喝茶，闺密还很邪恶地补充了一句："你可要小心点啊！"

静嫣听到这个消息，回到家就开始观察老公，越观察越觉得老公有问题。她终于控制不住，向老公发了火，说："我发现你与那个女人在一起。"

"什么女人？谁告诉你的？"

"我自己看到的。"

"你看到什么了呀？"

"当然是你和那个风情万种、娇艳欲滴的女人在一起吃饭啊！"

"我在外面做生意，当然免不了要和女客户打交道，在一起吃饭也是正常的，你别瞎猜疑。"

"哼，仅仅是吃饭那么简单吗？"

"你爱信不信！"

两个人大吵一通，后来居然闹到分居的地步。其实后来静嫣想和丈夫道歉的，而静嫣的丈夫也想和静嫣和好，可是两人都是倔脾气，谁也不想先低头。

人生苦短，缘来不易，我们都应该好好珍惜、好好经营两人的爱情，并用宽容与豁达去对待这份感情。因为我们太在意对方，太在意情感得失，所以我们害怕失去，这导致我们的情绪高低起伏。可是仔细想想，生气真的能解决问题吗？答案当然是否定的，争执和怒气，只能让矛盾更尖锐，伤害彼此的感情。

生命是一场奇妙的旅行，遇见谁都是一个美丽的意外，我们应该珍惜每一个有缘人。两人相爱，并生活在一起，不是为了彼此伤害，而是为了相互理解和相互欣赏。既然相爱，就不要用怒气考验爱情。刺痛对方的心，何尝不是在自己的心上狠狠地刻上一刀呢？

眼前的人才是我们最该珍惜的

这是一个感情泛滥的时代，到处都充斥着爱情的味道。有人恋爱了，有人分手了。其中有一个人的帖子上写道：爱情是一场不公平的宴会；恋爱时，需要两个人的共同赴会；而失恋，只需要一个人宣布告辞。

爱情中，倘若一方退出，另一方就不要死死拽着不放。聪明的人，一旦发现那棵爱情的树已经枯萎，就要豁达地放手，放对方自由，放自己自由，放爱自由。

人们都说杨兰芝与程启明是天造地设的一对，他们是高中同学，在高中时就谈恋爱，后来又报考了同一个城市的大学。大学毕业后，程启明做了一家医疗公司的销售员，而杨兰芝则回学校继续深造，后来进入一家外资企业工作。两人朝着各自的事业目标奋斗。

在人们的祝福下，杨兰芝和程启明开始谈婚论嫁，不过令人们惊讶的是，这样一份在人们眼中完美的感情却突然发生了变故。程启明向杨兰芝提出分手，因为学历高、工资高的杨兰芝给自己造成压力，对于一个男人而言，是莫大的"侮辱"，所以只好分手。后来无论杨兰芝如何苦苦哀求，程启明都像是铁了心一样。杨兰芝忍痛结束了这份长达十年的感情，一年后，在公司新来的同事刘益的猛烈追求下，杨兰芝与刘益走到了一起。

后来经过朋友们的透露，得知原来自己的前男友程启明在与她交往的同时，还背着她和另一个女孩交往了大半年时间，而现在，二人已经结婚。杨兰芝悲痛欲绝，十年深情一夕间便付诸东流。刚分手那会儿，她每天会给程启明打电话。现在交了新的男友，还是背着刘益给程启明发信息，她实在是放不下这十年的感情，怎么能够说没了没了呢。

刘益知道了这件事情后显得很大度，并没有责怪杨兰芝。可是杨兰芝不能自拔，天天沉浸在对过去的回忆中，她甚至忘了面前对她如此包容的刘益。

刘益对杨兰芝说："我等你，直到你从上一段感情的阴影中走出来。"

有时候，执着是一种负担，放弃是一种解脱。世界上没有完美的事物，幸福一样也没有满分。回忆是你的，可是现在的他不是你的，既然不能在一起，既然已经分手了，既然你们的关系已经画上句号，那就不要打扰对方现在的生活了，你可以记住过去的美好，其他的让时间来磨平吧。

爱情很美，一句承诺、一个眼神、一次拥抱，就可以紧紧地把对方系牢。可是再美丽的爱情也有消逝的一天，当爱不在时，别用眼泪去祭奠爱情。我们所要做的，就是要珍惜眼前人，莫要让现在拥有的成为今后追悔的。

五年过去了，过去的美好仍一一浮现在尔岚眼前。尔岚在同学聚会的时候听说自己的初恋情人今年上半年从德国回来了，现在已经是一家德资企业的业务部总经理。想想自己现在的男友，还在一个不景气的小公司摸爬滚打，顿时觉得心里很不是滋味。

一天，昔日的恋人约尔岚出来见面，电话中他的声音还是像从前一样富有磁性和亲和力，尔岚很恍惚，感觉像回到了初恋的时候。于是她欣然应允，穿起他原来最喜欢的那一件连衣裙。虽然经过五年，自己不像以前那样年轻了，但是在那条充满回忆的裙子的映衬下，尔岚还是觉得自己青春溢彩。寒冬腊月，尔岚在初恋旁边冻得瑟瑟发抖，为的只是他的一句"你还是那么漂亮"。他们走在街上，引来众人美慕的目光，但这目光到底没有给她一丝温暖。

约会结束以后，尔岚回家了，在楼下遇到了男友，他看到尔岚冷得发抖，这个刚刚还被尔岚鄙视"没用"的男人赶忙跑过来，把自己的外套脱下来披在她身上，责备尔岚："这么冷的天，你穿什么裙子？快快回家暖和一下。"说着拥着尔岚上楼。

尔岚的心里顿生暖意，原来自己最想要的幸福竟如此触手可及，就在身边，只是被自己忽略了。

生命中的任何事物都有保鲜期，包括爱情。那些年少青涩的爱情，早已经不在了。那些美好的愿望和感情，遗落在岁月里，积满灰尘。而眼前的人，才是我们最该珍惜的。记住，让过去的过去，此刻请珍惜眼前人。

请给爱留一点尊重

人们常常觉得，在与陌生人和不太熟悉的人相处时，礼貌用语有着频繁的使用率。但是要是亲近的人之间再客客气气的，就难免显得疏离。我们也可以发现，很多人谈恋爱的时候，互相礼貌客气，所以两人约会的时候也总是心情愉快。结婚以后，很多人就会以为对方是自己人了，无须客气，于是对爱人的礼貌还不及对陌生人。

事实上，礼貌在婚姻生活中占据很重要的位置。有时候，直到婚姻出现裂痕，很多人都不明白对方为什么会记得自己那么多的不对，为什么原本美好的婚姻走到了绝境。在这些人看来，吵过就算了，气话不用放在心上。但这只是他们自己的一厢情愿，有的人对每一次缺少必要解释的纷争都会铭记在心。吵一次，伤一次，感情就会减少一点。男人平时不善于表达，但当超越了他们的承受范围的时候就会瞬间爆发。

在朋友圈子里，伟达有一个"妻管严"的绰号。

以前，伟达是一个工薪族，每月的薪水全部上交给老婆，家里的一切开销均由老婆做主。有一次伟达醉酒后，向朋友抱怨说："我需要置办外衣外裤、内衣内裤、袜子鞋子时，她都要亲自出马。弄得我现在好像个孩子，连我口袋里的零花钱都是她给的，而且她每周都会查看我的钱包还有多少钱，盘问我钱的去处。但作为一个男人，一般很难记住每一笔的开销，我就只好将报不出来的钱'挂'在朋友的请客吃饭上。这样的生活简直把我逼疯了。"

去年伟达开始自己创业，于是社交活动增加了，开销也大了。每次和人吃饭，让伟达受不了的是，妻子都要问他是谁付钱；如果是伟达付，就要向她说出准确的数目。而且妻子不依不饶，还要知道伟达和谁吃饭，以及他们谈了些什么。

于是，伟达在成交了第一单生意后，就悄悄留起了部分私房钱没告诉妻子，为的就是想逃避她的"控制"。可妻子竟然有本事辗转找到了伟达的合作伙伴，经过多方调查，知道了伟达的"小动作"。

于是一场家庭之战爆发了，伟达再也不想忍受妻子的束缚了。

在婚姻生活中，并不是不分你我。保持爱情新鲜最有效的方法就是给自己留一点空间，给对方留一点空间，给爱留一点空间。不要咄咄逼问，不依不饶，尊重对方的隐私和习惯，学会倾听，学会倾诉。

无礼和粗暴的行为会糟蹋爱情，糟蹋婚姻。你回忆一下，当你接待任何一位访客时，是不是很有礼貌？而且你绝不可能对正在说话的客人插嘴"天哪，你又在老调重弹了"。在婚姻生活外，你也绝不会未获他人许可，而私自翻看他人的手机短信。但是对于我们最亲爱的人呢？

梦琪是英语专业科班出身，在谈一个业务的时候，认识了来自美国的小伙儿大卫。大卫可以说是对梦琪一见钟情，更是在见面当天就对梦琪发起了爱情的猛烈攻势，于是梦琪沦陷了，一个月后，成了大卫的新娘。

有人羡慕梦琪嫁给了一个蓝眼睛黄头发的英俊老外，也有人担心梦琪会不适应这种不同文化下结合的婚姻。后来梦琪告诉闺密，原来礼貌对于西方人来说即使是自家人之间也不可忽略。

梦琪常对大卫大喊："快帮我烧壶开水。"大卫却不依不饶地拖着长调："请说'请'。"而且无论梦琪递给大卫什么，大卫都会说一句"谢谢"。起先梦琪怎么也不习惯，后来梦琪不仅习惯了大卫的"谢谢"，也学会了大卫的礼貌用语，常对他人表示感谢。

吃了梦琪做的晚餐后，大卫也少不了赞美一句："谢谢，真好吃。"这会让梦琪在厨房待了一下午的灰暗心情顿时好起来。若大卫不喜欢，他也会说："很抱歉，我无法习惯。"然后给梦琪一个安慰的微笑。在这样的礼仪中，梦琪发现即使每天做家务也很有意义，因为自己得到了丈夫的重视和尊重。

梦琪说："礼貌下的爱情温馨可爱，这样也很少会发生那些因为不拘小节的小事而伤害彼此感情的事情。姐妹们，你们也要多给婚姻中的爱情一些礼仪。"

婚前的爱情不食人间烟火，有情饮水饱，爱足以支撑一切，而婚后的爱情忽然一下子充斥着柴米油盐、鸡毛蒜皮的小事，令人感叹天上人间。其实，婚姻不仅仅是恋爱双方身份的一次蜕变，还是一场心理的考验，一场爱情的考验。如果你认为这个和自己同眠共枕、亲密无间的爱人是自家人了，就完全可以像对待私有财产一样随意任你发落，那你就大错特错了。

一个聪明的人，在婚姻里对待自己的爱人，会像对待客人一样，文雅有礼。中国有个成语，叫作"相敬如宾"，这其实也是爱情的一种境界。

嘴巴甜一点，烦恼少一点

男性在追求女性的时候，总是甜言蜜语，海誓山盟。在男性这样甜蜜的攻势下，不知道有多少女性被男性"攻克"。恋爱中的男女大多是甜蜜的，男性的嘴巴抹了蜂蜜似的，女性听了男性的甜言蜜语也很是受用的。

而女性要想在男性面前永葆魅力，不妨学会用娇嗔之语，说得他心花怒放，自然让他对自己爱恋有加。撒娇耍嗔，对处于恋爱中的女孩绝对是容易的。但若是对一位结婚七年以上的女人来说似乎就不那么容易了，不是腻了，而是觉得不知道撒娇的话要如何启齿，如果硬要说点什么的话，就只剩下唠叨了。其实聪明的女性，不妨嘴巴甜一点，那么快乐就多一点。

一日丈夫陪小璇逛街，小璇因为忽冷忽热突然打起嗝来，不论小璇怎么屏气喝水也于事无补。于是丈夫就不耐烦地说："每天就你事多，好好逛逛也要打嗝，再烦我就不陪你逛街了。"

听见丈夫这样说，小璇心里很生气，觉着丈夫也太不体贴了，刚想发作，一急之下发觉不打嗝了，于是笑嘻嘻地说："老公，你这威吓人的招儿还真管用，我好了。"而丈夫也因势利导地说："当然了，我是有心那么说你的。看你一个劲儿打嗝也怪难受的。"

很多女人婚后，慢慢地就会被柴米油盐的琐碎生活磨掉爱的热情，逐渐丧失了撒娇的心情或者能力，变成了唠叨的妇人，难免让男人厌倦。不会撒娇的妻子，不要感慨自己为什么总是被漠视，而是要检讨自己，你的身上还有没有恋爱时的魅力？聪明的女人，会选择做一个称职的"娇妻"，拴住男人的眼睛和心。

小苏和丈夫说好下班一起吃饭，已经到时间了，可小苏因为工作需要不得不加一个小时的班。小苏心想：老公一定会生气，他可是一个很惜时的人。

忙完工作，小苏到了约定好的餐馆一看，丈夫果然阴着脸，气呼呼地坐在那儿。小苏在丈夫的视线里缓慢地走近，说："都是这双厌恶的凉鞋，早不崴脚，晚不崴脚，偏偏赶在这时候崴脚。唉，我疼点无所谓，可是却让老公你等久了，对不起啦。"说完还一脸疼痛和自责的表情。

丈夫一听小苏这么说，就怜惜地说："你该让我去接你的，快让我看看脚。"

女人听惯了男人的花言巧语。其实，男人也喜欢甜言蜜语。会说话的女人会适时地把花言巧语送给他，得到他的关心和爱。

一对夫妻结婚两年，吵架却吵了一年半，于是他们决定分居。分居的日子里总是寂寞难耐，他们终于明白其实彼此依然深爱着对方。只是他们都非常好强，谁也不肯向对方低头。

最终妻子决定挽救他们的婚姻和爱情。在情人节这一天，妻子提前准备了当晚的烛光晚餐，准备向老公妥协。正当妻子将清蒸鱼放进微波炉时，忽然看到一只老鼠从她脚下蹿过，妻子慌忙拿起电话拨通了老公的号码："喂！亲爱的，你快回来吧，家里有只老鼠，我快被吓死了。"在那边的老公轻快地说了一句"遵命"，便立即赶回了家。

就这样，仅仅是一句话的妥协，他们的婚姻复活了，爱情也复活了。

我们常常在感受到情感的一点裂隙带来的巨大损失的时候，才会发现，原来对于很多潜在的问题来说，爱的包容是成本最小的解决之道。

恋爱的双方从爱情的辉煌圣殿踏入婚姻的真实土地，而心还留在爱情的圣殿里。所以在枯燥琐碎的婚姻生活里，我们不妨像恋爱的时候一样，嘴巴甜一点，那么烦恼就会少一点，快乐和幸福也就会多一点。

琐碎的婚姻生活需要幽默来调味

幽默是一种调味剂，在人们的相处中有意想不到的效果。幽默可以化解尴尬，可以冰释前嫌，也可以化解关系危机。

在琐碎的婚姻生活中，我们也需要幽默来调味。幽默其实是一种对生活豁达的态度。有时，受心境影响，或是话不投机，使夫妻对话有了火药味，这时怎么办？是发脾气，还是采取一种幽默的态度，或是自嘲的方式？懂得幽默的夫妻，往往会保持一种好心境，遇到困难就积极克服，而不是消极对待。夫妻间都知根知底，没有必要死要面子。

宏文是一个幽默的男子，有他在，就有笑声在。

下班后宏文去买菜，给妻子打电话问她想吃什么菜。妻子想了半天说"不知道"。宏文说："那我买鲫鱼和豆腐了。"妻子说："天天吃鲫鱼豆腐汤，不烦啊？"宏文就说："那你说买什么？"妻子就生气地说："随便，我不吃了。"然后挂断了电话。

后来宏文在菜场里逛了一圈，买了一只柴鸡。然后给妻子打电话，欣喜地说："老婆，我好不容易买到了'随便'这种菜，你还吃吗？"妻子一下子就被逗乐了，笑着说："吃，当然要尝尝'随便'的味道啦。"

又有一次吵架，因为一件后来谁也说不清楚的事情，宏文的妻子要离家出走，宏文一下子就挡在门口说："干什么去呀？"妻子就说："离家出走行了吧？"

宏文说说："我是男人，还是我走吧，不过我要把属于我的东西全带走，哼！"

说完不由分说拉着妻子跑下了楼。妻子忙问："你究竟要干什么?"宏文说:"你是我的东西啊!"妻子说:"我才不是东西呢!"说完自觉不妥又急忙改口说:"我是东西。"说完,两人都忍不住大笑,一片乌云就这样散了。

许多人把喜欢开玩笑、说笑话,看成油嘴滑舌、办事靠不住,认为夫妻之间讲话应该讲求实在,用不着讲究谈话艺术。殊不知,说话幽默能化解矛盾和纠纷,消除尴尬和隔阂,增加情趣与情感,让两人其乐融融。

婚姻生活中,不妨幽默一把吧,说不定就能化干戈为玉帛,让双方重归于好呢。

请停止为鸡毛蒜皮的事争吵

俗话说:"牙齿还有咬舌头的时候。"人与人相处,难免也会有吵架的时候。恋人或者夫妻之间,本就没有什么深仇大恨,却吵到两败俱伤,甚至吵到了分手、离婚的地步。很多人吵完架,回头想想才发现,吵架竟是为了些鸡毛蒜皮的事。

如何才能浇灭对方膨胀的火气?人通常吃软不吃硬,有时候"糖衣炮弹"比真枪实弹更具威力。吵架艺术炉火纯青的境界是,你既不"河东狮吼",也不"约法三章",而是"以柔克刚"。

小惠和她的丈夫宋楠是大学同学,直到现在已经一起走过了七个年头,婚姻美满,家庭幸福,还有一个上幼儿园的宝贝女儿。

宋楠性格还算谦和,但是遇上他心情不好时,他们就像火碰上水,非要有一方认输才肯罢休。

上礼拜,小惠因为工作中的一份工作表的事情在家里抱怨,正好赶上宋楠也因为这个月业绩不好而受了领导批评,心情不好,于是两人就开始吵架了。

小惠耍性子,收拾衣服喊着要离家出走,其实小惠的内心是希望以此得到宋楠挽留的,可宋楠没有留的意思。但话已出口,赖着不走岂不是自己扇自己巴掌吗?于是小惠夺门而出。

可是小惠在门外站了一分钟后,又敲了敲门。

宋楠开了门看见是小惠,问:"怎么了?"

小惠一脸委屈地说:"待会儿女儿从幼儿园回来,看不到妈妈会哭会闹的,你还得来找我,于是我想来想去还是回来了,免得一会儿你满世界地找我了。"

此时,宋楠内疚地一把将小惠拉进了屋,矛盾也瞬间化解了。

其实,每一次吵架对每一对夫妻、每一对恋人来说,都是一个关键点,因为它预示着爱情的走向,所以绝对不可掉以轻心。在这次争执中,小惠是个聪明的女人,在夺门而出后,她选择了给对方一个台阶下,因为男人是好面子的。这样其实也给了自己一个台阶。聪明的小惠化解了他们之间的矛盾,更是让宋楠感觉到了内疚,化干戈为玉帛。

现实中,不论男人还是女人,他们对于同事和朋友,有时候比对恋人要宽容很多。

周日同学聚会,莉莉打算在参加聚会时,把自己相恋四年的男友介绍给自己的同学。莉莉把男友当成自己家人,现在要让所有的人都知道自己有这样的一个男友,一年后,自己会成为他的新娘。

可是莉莉的聚会都开始一个小时了,男友才姗姗来迟。而且更可恶的是,他只是向莉莉的同学简单打了个招呼,说了不到半小时的话,就说公司有急事而匆匆离开了聚会。

等到大家散场,莉莉回到家,聚会上强忍住的怒火再也无法抑制,她开始指责男友:"你总是这样目中无人。那些都是我五年没见面的死党,你怎么能对人家那么冷漠呢?也让我面子都丢尽了。"

第七章　婚恋中的情绪

可男友却并没有觉得自己做错了什么，确实是因为公司有事情："凭什么我要听你颐指气使啊？"

一场"内战"就这样爆发了。

而莉莉也开始数落男友以前所有的不是，包括认识男友第一年男友所有因为所谓的公事而在约会迟到的例子。

其实，莉莉在遇到这种情况的时候，完全可以说："亲爱的，你招呼也不打就消失不见，我是很尴尬的，因为本来大家都很想了解你。"与其怒不可遏地指责男友，还不如平心静气地对他晓之以理。这样的话，你不再是歇斯底里的控诉者，你变成了一个受害者，而他也会为你的通情达理而后悔不迭。

而且，在吵架时绝对不要牵扯陈年旧事，不然战场会无限扩大而掩盖了你们吵架的本来的原因。所以，相恋的人们在开战前，何不问问自己，究竟是什么在让对方生气，让对方必须通过吵架来解决？吵架能解决问题吗？在回答完这些问题后，你会发现，有些事情根本不值得争吵。

吵架的原因，多种多样，但结果只有一个，破坏感情的基础，引发更大的误会。吵架时，适当的沉默或妥协，并不是软弱，而是保护对方，保护自己，保护双方的爱情。

让浪漫时光拯救你疲惫的爱人

恋爱的时候，每一刻都是浪漫时光，甜蜜美好，恋人你侬我侬，恨不得把对方吃进肚子里去。然而一旦真正在一起了，天天柴米油盐酱醋茶，生活就很容易让双方觉得索然无味了，曾经的浪漫也不复存在了。

其实，人还是原来的人，爱情还是原来的爱情，为什么我们感觉不到对方刚开始恋爱的时候那种热烈的爱意了呢？答案是，我们忽略了爱的细节。你是否很久没有为对方沏一杯暖暖的茶了？你是不是很久没有为对方系鞋带了？你是不是很久没有发给对方一条表达爱意的短信了？曾经这样的短信是不是满天飞，你为何不觉得烦腻呢？是的，如果想让生活情趣盎然，重点在于双方是否能用浪漫将爱散播在生活的角角落落。

哲浩与姗姗是在大学的图书馆里认识的。

一天，哲浩与姗姗相对而坐。哲浩侧目见姗姗正在做英语选择题，于是自己也装模作样学起英语来。过了一会儿，哲浩鼓足勇气，向姗姗求教一道英语选择题，姗姗悉心指导。又过了一会儿，哲浩又向姗姗求教，并递去纸片一张。姗姗接过纸片，上面写着：

同学，今晚我请你去看电影，敢不敢去？请选择：

A. 敢去。

B. 为什么不敢去。

C. 谁怕谁呀，去。

D. 请让我想一下，不过我想我可能会去的。

姗姗沉思半晌，拿起笔羞羞答答地选了D。

大功告成！

自然而然，姗姗后来成了哲浩的女友。同学们都说姗姗好幸福，拥有这样一个幽默风趣的男友。而从选择题之后，在幽默风趣的哲浩的陪伴下，姗姗的生活也充满了欢乐。

恋爱中的人都喜欢浪漫，并奢求对方给自己制造浪漫。工作、家务忙了一整天后，恋人为什么不去散散步呢？有人会回答说："我很累。"然而这些说"很累"的人过不了一会儿就垒起"四方城"来，甚至彻夜通宵打麻将。可见，能否浪漫的关键在于是否拥有浪漫情怀。不要以为浪漫无非就是献花、跳舞，不要以为没有时间、没有钱就不能浪漫。要知道，浪漫的形式是丰富多彩、多种多样的。每天一句"我爱你",就是最简单也最动人的浪漫。

尹小伊的丈夫是个个性内敛的人,虽然深爱妻子但却很少表达爱意。小伊懂得为爱情和婚姻保鲜的重要性,但她知道让辛劳工作的丈夫制造浪漫是没可能了。因此,小伊计划开始在婚姻生活中为丈夫制造小浪漫。

一天,应酬到很晚才回家的丈夫,看到台灯下压着张纸条:"老公,洗澡水在浴盆里,解酒的茶在杯子里,温暖的爱在被子里。我爱你。"丈夫看完莞尔一笑,一天的疲惫消失殆尽。他望着熟睡的妻子,心中充满了温柔和爱意。

丈夫生日这天,小伊亲手做爱的晚餐。她端上几盘色、香、味俱全的菜,关上灯,点燃几根玫瑰香味的蜡烛,然后倒上两杯醇香扑鼻的红酒,再轻轻地唤出丈夫。置身于烛光辉映中的老公,嗅着一桌饭菜香,眼中心中满是对小伊的欣赏和感激。

在平时,小伊会偶尔帮丈夫刮刮胡子、在他逞强的时候撒撒娇,或是与他打闹逗趣一番,这都能让她丈夫感受到她的爱。另外,小伊也会通过小物件向丈夫传递浪漫,传达爱意。她会在丈夫衣柜里时不时地放一条新颖典雅的领带;在公文包里放老公喜欢吃的巧克力;在汽车里贴上写着"认真开车,安全回家"的心形卡片……这些都让小伊的老公感受到小伊的爱和婚姻的甜蜜。

就这样,小伊的丈夫也渐渐浪漫起来。小伊生日的时候,丈夫竟然悄悄定了两张飞往欧洲的机票,要与妻子一起"二度蜜月"。

想要保持爱情的生机和活力,想要使婚姻之树常青,就要让浪漫气氛弥漫在日常生活的各个角落。浪漫并不难,只要你付出真诚的爱,一个眼神,一个亲吻,交握的双手,一顿精美的晚餐,细微之处,无不传递出你的浪漫情怀。时时来点小浪漫,餐厅可以变舞厅。当你兴致很好时,建议亲爱的他或她小酌一杯红酒吧。然后在轻缓的音乐里跳一支舞。

过去的，就不要再去触碰

过去的事情就像一本书，静静地躺在记忆的角落，历经沧桑，布满尘埃。回忆就是重新去翻看遗忘在历史里的书。过去的一页，能不翻就不要翻。过去的事情早已过去，过去的伤痛再也不会重演，而翻落的灰尘却会迷了你的双眼。

有一句这样的话："成熟的人不问过去，聪明的人不问现在，豁达的人不问未来。我们需要把握的是现在，是书写此刻的诗行。"

生活一直在单调地继续着。一切都会过去，然而固执的人却让过去一直相伴而行，累了自己，累了心。人有太多的放不开，太多的累赘，阻挡我们前进的正是这些心魔。让过去的过去吧，再惨淡的生活，再深刻的伤害，时过境迁，所有的往事都风吹雨打去。聪明的人，拿得起，放得下，不谈过去。

小娅是去某个城市进修学习时认识陈昌的。他们在一起学习了半年时间，玩遍了那个城市的每一角落，然后自然而然地走在了一起。进修结束后，他们各自回各自的城市，各自的岗位，开始了甜蜜又辛苦的异地恋。

今年七夕前夕，小娅没有通知陈昌就到了他的公司，谁知道他不在。陈昌的同事说陈昌的女朋友家今天有事情，去帮忙了。小娅当时头脑突然一片空白。几个小时之后，在陈昌的宿舍门口，小娅看见陈昌和一个女孩一起回来了，二人十分亲密。小娅感觉天都塌下来了，就躲起来给陈昌打电话问他在哪里。陈昌说他在外面和朋友吃饭。小娅淡淡地说："分手吧。"分手后，小娅天天在外面吃饭、喝酒，希望用酒来麻痹自己，用酒来忘记他，可是压根还是忘不了他。

上个月底，小娅到那个城市开会，无可避免地又遇见了陈昌。中午吃饭的时候，陈昌问小娅："谈朋友了？"小娅说："谈了，而且我男朋友对我还很好。"会议结束的时候，陈昌提出送小娅回家，小娅拒绝了，说："我男朋友会来接我回去，不需要，谢谢。"

其实小娅哪里来的男朋友啊，小娅想，如果陈昌当时后悔了，她就给他一次机会。但是小娅没有在陈昌眼中看到一丝后悔。小娅明白了，自己执着不放苦苦留恋的感情，真的不在了。

过去的一页，能不翻就不要翻，因为翻落的灰尘会迷了双眼。那些以前说着永不分离的人，早已经散落在天涯了。

该忘记的就该忘记，错过的已经不能重来。收拾起心情，继续往前走，错过花，我们将收获一场清新的小雨。一份感情的离去，是为了给下一个遇到的人腾出位置。过去的已经过去，那些过去的人、过去的事，就将其尘封，放在角落，不要再去触碰。再去翻看过去的一页，只会徒生感伤。

过去的已经彻底过去了，后悔无益

让过去的过去，是对我们意志的一种考验和磨砺。其实我们每个人心中都有一盏引领未来的灯，如果总是说过去，如果总是追悔懊恼，那么就会在无形中熄灭这盏带来光明的导航灯。

原先叶蕾怎么也弄不明白，为什么每当自己想走进一份正常的感情时，总感觉有一种无形的力量把她拉回来。那天晚上，一个突如其来的电话让她明白：虽然表面上该结束的一切都已经结束了，但其实自己一直也没从过去的影子里走出来，而这就是她不能走进新生活的根本原因。

叶蕾回头一看,她过去的影子里有两个人。这两个人,一个是她爱的,一个是爱她的。为了她,他们俩曾经闹得天翻地覆。

叶蕾在大学的时候爱上了一个文青。虽然小文青没有工作,在家码字解决温饱问题,可是叶蕾一点儿也不在乎。叶蕾为他的才华所折服,被他的气质深深迷住。但是他俩的恋情结束了:叶蕾在学校里有一个狂热型的追求者。他多次表示,为了得到叶蕾的爱,将不惜付出任何代价。当追求者得知叶蕾有了恋人以后,找到了那个文青。两个人之间发生了一场"决斗",甚至惊动了巡警。

为了结束这种残酷的爱情竞争,叶蕾决定永远地离开这两个顽强的竞争对手,竞争目标消失了,竞争对手自然会偃旗息鼓。于是毕业后,她就一个人来到北京。从那时到现在的四年里,叶蕾身边不断出现热切的追求者,但总是无疾而终。

不久前的一个深夜,她突然接到了当年文青的电话,他告诉她,他年底就要结婚。他说必须把自己的事情告诉叶蕾,否则一辈子都不会踏实。

接了这个电话,叶蕾好像突然醒悟:实际上是自己没有从过去的经历中走出来。面对后来者,自己总是下意识地把他们和文青的聪明温情,甚至和那狂热的追求者进行比较。这个电话让叶蕾幡然醒悟:过去的已经彻底过去了,大家已经开始了各自的新生活。

荷马曾说:"过去的事已经过去,过去的事无法挽回。"昨日的阳光再灿烂,也移不到今日的天空。我们又为什么不好好把握现在,珍惜此时此刻呢?我们为什么要把大好的时光浪费在悔恨之中呢?覆水难收,往事难追,错过也是缘,后悔无益。

人生在世,谁都想让此生了无遗憾。可是人总是错过爱情,错过机会,也走了不少弯路。但是,如果你纠缠住后悔不放,一蹶不振,自暴自弃,就不值了。错过了就别后悔,即使再怎么后悔也不能改变现实。卡耐基说:"要是我们得不到我们希望的东西,最好不要让忧虑和悔恨来苦恼我们的生活。"让我们原谅自己,学得豁达一点。

不要执着过去的拥有

泰戈尔说:"如果你因失去太阳而流泪,那你也将失去群星。"面对失去,我们总是过分执着于曾经的拥有,以致忽视身边的幸福,这是一种得不偿失。失去的已经永远失去,不要把过多的精力投注在曾经的失去,过多的停留只会让你失去更多。有时牵绊住我们脚步的,不是失去,而是我们放不下的心。

其实想想,我们并没有失去一切。失去了友情,还有亲情,失去了爱情,还有事业,失去了工作,我们还有健康,要是失去了健康,至少我们还活着。只要还活着,我们不就还有希望吗?所以忘记你现在的失去,要知道路没有走到尽头的那天,一切都还有机会,而一切的机会又都在我们手中。失去并不糟糕,糟糕的是你以为自己失去了一切。

在城市中操劳了一辈子,年纪大了,落叶归根,叶老太太携着老伴儿又回到了乡下,搬进了老屋。好久没有人住,老屋应该重新打理一下了。这天,叶老太太找了一个油漆匠到家里粉刷墙壁。

这位年轻又善良的油漆匠一走进门,看到叶老太太的丈夫双目失明,顿时流露出怜悯的目光。可是他也发现男主人开朗乐观,每天都和叶老太太有说有笑,还不时地和油漆匠开开玩笑。油漆匠在叶老太太这里工作的几天,过得非常愉快,一天小油漆匠忍不住问叶老先生快乐的秘籍。

叶老先生笑了笑:"为什么不快乐呢?我在事故中失明,虽然我再也看不见阳光和鲜花,但是我能感受到阳光的普照,闻得到鲜花的芬芳,还有一个硬朗的身体。最重要的是,四十年来我老伴儿不离不弃,所以我没有理由不快乐。"小油漆匠感动地点点头。

一周后，老屋子焕然一新，叶老太太想起自己和丈夫结婚的时候，屋子也是粉刷得如此漂亮。油漆匠取出账单，老太太发现与原来谈妥的价钱比，打了一个很大的折扣。

油漆匠解释说："我和叶老先生在一起觉得很快乐，他对人生的态度，使得我觉得自己的境况还不算最坏。是他让我不再把工作看得太苦，是他让我明白了我没有失去一切，我还拥有很多。"因为这位慷慨的油漆匠只有一只手。

威廉·詹姆斯说："人能因为改变心态，从而改变自己的一生。"人生的成功或失败，幸福或坎坷，快乐或悲伤，都由心生，把心态放平了，就活得开心，就能获得幸福。人活一辈子，不顺心的事谁不会遇到？如果拥有的早已失去，那就不要苦苦追悔、扼腕叹息了。如果事情已成定局、无可更改，那就想开一点，坦然去接受。失之东隅，收之桑榆，我们并没有失去一切，我们还拥有很多。

人，要面对的最大的敌人就是内心的自己，只有敢于从跌倒处爬起，敢于从头再来的人，才能最终战胜自己、战胜命运。

都说爱情有七年之痒，这爱情的马拉松已经跑了七年了，结婚生子，为人母，以为这就是爱情最美好的结局了，可令程宛如措手不及的是，自己恋爱四年结婚三年的丈夫竟然抛弃妻子，又奔着自己的初恋情人去了。

祸不单行，自己经营的服装小店也因为经营不善面临倒闭的局面，店员早就树倒猢狲散另谋高就去了，偌大的店面只剩下程宛如一个人。

想到负心的丈夫，想起曾经他对自己许下的诺言，想起自己苦心经营了三年的服装店，每每想到这些，程宛如就想一死了之。程宛如感觉自己被扔进了黑暗，那么无助，又那么无奈，年近30岁的她，瞬间沧桑了许多。

她在床上躺了整整两天两夜，第三天早上，她爬起来，用冷水洗了一把脸，对身边牙牙学语的宝贝儿子说："就算失去了所有，至少还有你。好孩子，我要为你重新振作起来。"宛如决定把自己一半的店面租出去，开源节流，找机会东山再起。

女人有时候喜欢把爱情视为她的全部，一旦爱情离去，就会感到天塌地陷。其实，她们并没有失去一切，爱情只是人生天空的一角，不要让一角的天空遮住了自己的整个世界。至少有父母亲戚，有朋友，还有工作和事业。人的一生是一个漫长的旅程，不要因为一时的失败就变得怯懦消沉，要有从头再来的勇气。输赢只是暂时，并非永恒。月有阴晴圆缺，人有悲欢离合，我们应该用平常心去看待人生中的起落。

失去并不可怕，可怕的创伤来自我们的心灵深处，因为我们死抱着失去不放，更会加深我们的痛苦，让我们失去得更多。被领导批评了又怎样？回到家，还有家人温暖的关怀。失去了工作那又怎么样？再找一份工作。被针扎了手指又怎样？还好没扎到眼睛。赔了钱又怎样？不能再赔了好心情。

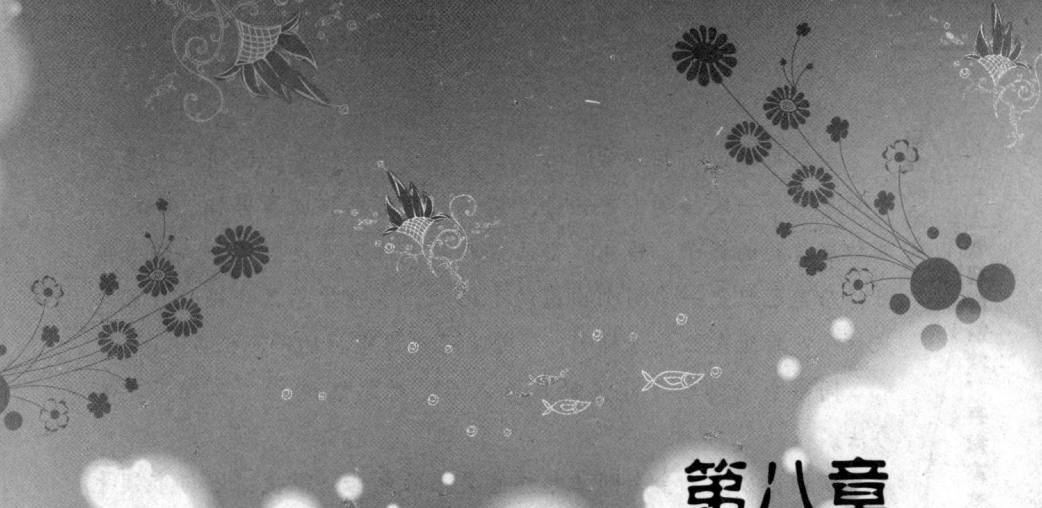

第八章
欢迎来到不抱怨的世界

抱怨解决不了任何问题

生活中,我们常常听到这样的抱怨:今天的公交怎么还不来;天气预报真不准,说好的晴天,现在却把我淋成了落汤鸡;某某人真是讨厌,明明是团队的努力,却都归成了自己的功劳……

是的,我们总会遇到那么多让人不快和心烦的事情,会让我们开始喋喋不休地抱怨,抱怨自己,抱怨他人,抱怨老天的不公。当我们甘愿做出默默奉献时,得到的却是他人的诽谤和打击、冤枉和排挤。抱怨还是会传染的瘟疫,有时候,我们的抱怨也会让朋友变得和我们一样怨天尤人。

白悠悠大学毕业后,通过层层考试和筛选,终于如愿进入当地报社做了一个记者,这让白悠悠很开心。

实习期刚过，领导却给白悠悠下达了一个任务，这周三去采访市领导。第一次接到重要任务，悠悠却没有感到欣喜若狂，而是一副愁眉苦脸的样子。她想：自己任职的报社又不是当地一流的大报社，而自己只是一名刚刚出道的小记者，市领导怎么会接受自己的采访呢？社里怎么能这样啊，派给自己这么艰巨的一个任务。

同事金老师听了悠悠的忧心以后，对悠悠说："不怕，我有办法。"

回到办公室，金老师拿起悠悠桌上的电话，很快，他与市领导的秘书接上了号。接下来，令悠悠惊讶不已的是，金老师什么客套话也没有说，直截了当地道出了他的要求："我是某某报社新闻部记者白悠悠，我奉命访问市领导，不知这周三能否接见我呢？"

金老师一边说电话，一边不忘抽空向目瞪口呆的白悠悠做了一个加油的手势。接着，悠悠听到了他的答话："好的，周三下午三点。"

"你看，直接向人说出你的想法，不就行啦，"金老师向白悠悠扬扬话筒，"周三下午三点啊，你别迟到啦。"

白悠悠听了前辈的话，似有所悟。

是的，你的处境真的有你抱怨的那么糟糕吗？你所抱怨的事情，真的如你所说的那么严重吗？有时候，困难是在你的想象中被自己放大了一百倍。事实上，走出了第一步，你就会发现那些麻烦与困难有时只是自己吓自己。

这就好比躲在阴暗的房子里，然后想象外面的阳光多么灼热，肯定会晒伤自己的皮肤。其实，最简单有效的办法就是往外跨出一步，你会发现外面的世界很精彩。所有的抱怨，都是涨别人威风灭自己志气。你只要不再抱怨，不再担忧，冷静下来思考事情的解决方法，然后再付诸行动，事情就会迎刃而解。抱怨的误区，在于把过错都推到别人的身上。

仅仅工作不到半年,晶晶就几乎对这份半年前无比期待的工作丧失了所有的热情和动力。

想当初,晶晶毕业时,意气风发,信心百倍,因为她拥有全优成绩单和各种各样的证书。从她步入职场的第一天起,心中就开始描绘十年内的蓝图。

可是现实是什么样的呢?十几年的寒窗苦读毫无用处,分配给晶晶的工作,是连初中生都可以胜任的统计、打字和迎来送往。一天要重复上百遍的礼节性的寒暄。她脑海里反复萦绕的,是说错一句领导就恶狠狠地批评自己,是同事阴阳怪气地嘲笑自己,是主管怒不可遏地厉声责骂自己。

苦苦熬了一个月,终于得到向经理汇报工作的机会,晶晶将自己白天黑夜写出来的报告贴心地放在经理的桌上,却让晶晶在一旁苦苦地站了半小时。经理连头都没有抬,仿佛她根本就不存在。而且,这公司没完没了地加班、不完备的医疗保险、复杂的人际关系、同事之间的矛盾和嫉妒,更使她苦不堪言。

晶晶觉得自己快崩溃了。

很多人,在工作中存在着多多少少的抱怨情绪。我们抱怨工作太累,抱怨休息不够,抱怨薪水太低,抱怨办事太难,抱怨升职太慢。抱怨的结果,往往不但浇灭了自己的热情,而且影响工作的开展。抱怨解决不了任何问题,还会赔上一天的好心情。

反过来想想,在此之前我们要学习任何的东西,都必须要支付学费,才可能接受教育。而现在呢,却是有人在支付我们薪水,而我们又从中学习到了不少东西。我们从工作和公司里学到东西的时候,尽量去学习,绝不要因为待遇太低而离开公司,离开公司的原因,只能是因为这个公司的学习机会不够。

面对挫折和不平事,不抱怨是最高指导原则。学会了不抱怨,就学会了挑战困难。人生的成功,就像珠穆朗玛峰,有的人爬上去了,有的却没有。这不是山高的问题,只在于自己体力和能力有限。

第八章　欢迎来到不抱怨的世界

停下来，生活也许就在身后

你是否为了实现梦想，而马不停蹄地奔跑在追梦的路上？你是否为了实现自己的利益，就像一台疯狂的机器不愿停息？你是否为了生活而很久没有轻松过？你是否感觉到我们的生命在奔忙中耗损，我们的精神在残酷的竞争和快节奏的生活中越绷越紧以致麻木或崩溃？

聪明的读者，你拥有的已经不少，完全可以停下脚步歇一歇，享受风景了。如果我们专注于奔跑，往往就会忽略当下的快乐，失去生活的意义。生活中的智者，不仅明白要向前奔跑追寻梦想，也同样知道停下脚步歇息，观赏沿途的风景。生活是个过程，回首一路走来的路途，比结果更重要的，是我们生活的过程。

拉比，是犹太人中的智者的象征，他们是一群观察生活、思考生活从而获得智慧的学者。人们常常去请教他们，他们乐于解答人们心中的疑惑。

在犹太人的《羊皮卷》中记载了这样一个故事：一天，有一个拉比在路上悠闲地散步。他看见一个匆匆忙忙的赶路人，便把他叫住，问道："这么着急，你在追赶什么呢？"

这个人头也不回，气喘吁吁地答道："我在追赶生活。"

"你怎么知道生活就一定在前方呢？"拉比继续说道，"你这样拼命往前跑，一心一意想赶上生活，可是你怎么不看看身后呢，问问自己的生活究竟在哪儿？"

赶路人这才停了下来，发现这是一个美丽的黄昏。

拉比继续说道："也许，生活正在你后面追赶你呢。只要你停下脚步，静下心来，它就能与你碰撞。但像你刚才那样越跑越快，分明是在拼命地逃离自己的生活啊！"

人们往往是为了更美好的生活而工作，然而结果常常是，我们为了工作而疲于奔命，而且早就记不起来我们努力工作的初衷是为了过上更美好的生活，而工作变成了抑制我们自由的东西，我们的心灵在奔跑之中变得麻木不仁。我们只是本能地拼命地工作，背负着巨大的压力，从事着繁重的工作，却不知道当初为何而工作，于是人生很美好的事情现在变得面目可憎起来。其实，工作只是一种途径，不是我们的目的。

所以，我们不妨每天都抽出来一点时间，让自己一个人独处一会儿，喝喝茶，看看风景，轻松一下。当我们停下脚步，放下工作，不去做任何事情的时候，我们的心便会安静下来，欣赏身边的美景，享受美好的生活。

飞人乔丹退役了，许多球迷都掉下了眼泪。乔丹看到自己的23号球衣，泪水也湿了眼眶，但他还是坚持退役，理由很简单："虽然我体力还行，但是我的心已经疲惫不堪。"

一位跳水名将，从小接受国家的栽培，在世界比赛里摘冠，眼看未来五年十年可能都是她的天下。这时她才20岁，她却说要退役。

一位溜冰运动员，在冬季奥运会上，腿部刚刚痊愈的她又拿到了铜牌，她高兴极了，因为她早已打算在那次奥运之后转为职业溜冰手。那面铜牌，是她在体育界的谢幕之作。

另一位金牌得主的美国运动员也说："我不要再参加这样的比赛了，我要跟父母多聚聚，比了十几年，我累了。"

机械盲目地奔跑，让我们的腿日益麻木，让我们的眼睛忽略了身旁的风景。如果你只知工作，而不知休息的话，就会成为工作的奴隶、时间的奴隶。许多人都借口说自己太忙，没时间休息。他们拼命工作，认为这是一种聪明的行为，是为美好的生活创造良好的条件。殊不知，不会休息的人才是愚蠢的人。只有懂得经常让自己停下来思考人生、享受人生的人，才会有更多的精力处理好更多的事情。

最珍贵的东西就在你身边

生活中，似乎人人都在抱怨。

农民工抱怨：为了养家糊口来到这个城市，辛苦了一辈子，为这座城市添砖加瓦盖起高楼大厦，却没有自己的容身之处。

教师抱怨：兢兢业业教书育人，可工资还不如菜场的屠夫。

作家抱怨：现在市场上书这么多，网络上写手这么多，我什么时候才能成名。

记者抱怨：别打击我了，别报复我了，我不就是报道了一个新闻嘛。

未婚男人抱怨：我是"矮穷挫"，为什么人人都喜欢高富帅啊！

已婚女人抱怨：人老珠黄怎敌得过年轻貌美？

其实，在抱怨的同时，我们应该想想，与其天天抱怨，还不如将这时间花在追求实在的幸福上。

我们都是身在福中不知福。福是什么？知足常乐是福，平安是福，牵挂和被牵挂是福。所有的福气中，那些能认识到幸福并懂得去珍惜的人，才会得到幸福。

两年前，连旭升在家乡的市中心开了家自助烧烤店，可是结果并没有连旭升想象的那样门庭若市。恰恰相反，由于经营不善，没有客户积累，这家烧烤店不仅花掉了连旭升所有的积蓄，还让他负债累累，估计得花七年的时间来偿还。

那天，连旭升准备到银行贷款，好去北京找一份工作，因为表哥是北京一家公司的总经理，他打算向表哥求助。旭升像一只斗败了的公鸡，没有了信心和斗志，默默地走向银行。突然间，有个人从另一条街拐过来。他没有双腿，坐在一块滑板上，用两手撑着向前行进。连旭升的视线与他相遇，只见那人坦然一笑，很有精神地说："早安，连老板，今天天气真好啊！"

连旭升认识这位可怜的残疾人，他经常出现在连旭升的店门口，而平常连旭升也常常拿点吃的给他。

连旭升望着他，突然体会到自己是何等的富有。是的，自己有双足，可以行走，为什么却如此自怜？这个人缺了双腿仍能快乐自信，自己这个四肢健全的人还有什么不满的呢？旭升挺了挺胸膛，折回家了，自己不需要银行的贷款。他选择盘掉店，好好地去北京找一份工作，积累经验，几年后东山再起，而去北京也不需要表哥的特别照顾。

最珍贵的东西就在你身边：父母的唠叨、爱人的牵挂、儿女的依恋、朋友的信任……人一直会犯一个错误，失去才学会珍惜，那么何不现在开始珍惜身边的人和事呢？

我们曾有许多美好理想和抱负，为了这些理想和抱负，我们忽视了已有的幸福。我们不愿意低下头来看。所以，停下你追逐的脚步吧，细数一下身边的幸福。

逝去的早已经逝去了，再追悔、再遗憾也无济于事。追寻的尚未得手，再叹息、再抱怨也得不到，而拥有的却是我们现在最应该珍惜的。不要忽视我们已有的幸福，不要漠视我们已经拥有的富足。不要再郁闷了，想一想自己拥有的吧，庆幸我们的拥有，因为这些都在我们的身边。

农民工在庆幸：这个城市是我建造的，我是城市的工程师。

教师在庆幸：我有寒暑假，可以尽情游山玩水。

作家在庆幸：我可以心情享受文字给我带来的乐趣。

记者在庆幸：我用笔杆扫除黑暗，是个真正的勇士。

未婚男人在庆幸：神仙姐姐就喜欢这样的我。

已婚女人在庆幸：水来土掩兵来将挡，斗智斗勇还是老姜辣。

其实，现实生活中，最珍贵的东西就在我们身边，这些就很值得我们庆幸。

一个容易满足的人，会得到很多快乐

人生就像一次攀登，本来可以轻装上阵登上山顶去欣赏美景，但我们因为身上背负着太重的包袱，带着永无止境的索求上路，于是我们悲哀地发现，我们越爬越累，是否可以如愿登上山顶不说，甚至连沿途美景也会被我们忽略，到最后空留一身的疲惫。

活得太累是心累。你是否正在为领导一句不满意的批评五分钟缓不上气来？你是否正在因别人的业绩突出而眼红？俗话说"铁打的衙门流水的官"，想想在以后的工作，你有的是表现的机会。活得太累，只因我们索求太多，对人对己太苛刻。

从前有一个穷人，他什么也没有，家徒四壁，食不果腹。

有一天他对老天说："如果让我成为一个有钱人，我决不像其他人一样小气。"突然，一个魔鬼出现在穷人的面前，魔鬼说："我可以马上让你发财。"

说完魔鬼掏出了一个漂亮的钱袋，他告诉穷人："这是一个神奇的钱袋，它里面永远有一枚金币，永远也拿不完的。但是，只有当你把钱袋扔掉后，才可以开始正常使用这一枚金币。"

魔鬼消失后，穷人身边出现了一个钱袋，里面装着一枚闪闪发光的金币。穷人把那枚金币拿了出来，钱袋里面又出现了一枚金币，于是，穷人不断地往外拿金币，整整一个晚上，穷人得到了一大堆金币。这些钱已经够穷人用一辈子。

第二天早上，穷人拿着钱袋出去买早饭，但是如果花钱必须扔掉那个神奇的钱袋，穷人心里很纠结，他舍不得这么神奇的一个钱袋。一番心理斗争之后，穷人忍住了饥饿，拿着钱袋回家了。他又继续从钱袋里往外掏钱。三天过去了，他旁边的金币堆积如山。可是，穷人总是对自己说："还是等钱再多一些才好。"

一连五天，他不吃不喝拼命地从钱袋里拿钱，金币堆满一屋子了，但是，他依旧舍不得放弃那个钱袋。最后，可怜的穷人又饿又累，活活被金币压死了。

人之所以痛苦不堪，之所以感到生活太累，是因为他永不知足，索求太多，甚至苦苦追寻一些不属于自己的东西。因为他的内心永远填不满，他所在乎的东西永远放不下。我们一心只希望拥有的越多越好，自己的位置越高越好，直到最后发现我们日益疲劳的心灵却不曾得到休息。贪婪是一种难以抵挡的诱惑，让我们不知不觉地爬向那没有止境的欲望深渊。

一个容易满足的人，会得到很多快乐。快乐其实很简单，它属于知足的人，而不属于贪得无厌的人。快乐不是拥有得多，而是计较得少。当你真正放下之后，你才发觉所有的苦恼和痛苦也都被你放下了，你一如从前那样轻松快乐。

蒋曼淑大学毕业后，初次步入社会，似乎是上苍的眷顾，刚毕业一个月，就有三份不错的工作等着她选择。当然，曼淑选择了一份她认为最好的工作，在一家大型游戏公司里做文案策划。

这份工作她很喜欢，兼具挑战性和稳定性，从长远的发展来看，也挺有潜力。特别是和同事混熟后，她更觉得工作环境和人际关系都很不错。

可是工作第三个月的某一天，有一件事情让曼淑觉得很不爽。她和刚来一个月的同事聊天，无意中发现自己比同事的月薪竟少了几千元。

"那个同事比我晚进公司，工作能力又没我强，月薪竟然比我高好几千，这太不公平了。真是太过分了。"曼淑生气地对朋友说。当然，在公司曼淑是不敢这么明目张胆地说的，于是曼淑天天在家里、在网络上，开始抱怨工作的不顺心，放言公司要是再不给自己涨工资就"炒老板鱿鱼"。

从此，曼淑上班也失去了原有的快乐心情。她有种被打败的感觉，就连原来因为尽全力达成目标时所带来的成就感和踏实感也没有了。那几千元夺走了她的自尊、内心的平静和快乐。

其实所有的事都没有改变，只因为她要求的多了，觉得自己比别人少了几千元，心有不甘。

现代经济社会，不断和别人比较和竞争的模式似乎受到大众的认可。于是，我们终日计较自己拥有的够不够多，而忽视了内心那份快乐。我们对自己已经拥有的，从来都不屑一顾，总觉得别人的才是好的。我们的眼睛无比迷茫，我们的内心惴惴不安，一边寻找自己身上的虱子，一边羡慕闪烁在别人头顶的珍珠。

丢掉那些不值得我们带上的包袱吧，轻松上路，我们的人生旅途就会更加愉快。只要我们一生都在脚踏实地做事，即使创造不出多么大的辉煌，也能感受到生活的真实和追求的快乐。"得鱼固可喜，无鱼亦欣然"，人生载不动太多的烦恼和忧愁，载不动太多的计较和索求，唯有内心坦然，才能无往不乐。

向上比，偶尔也向下比

在现实生活中，很多人都喜欢攀比，喜欢抱怨：

"比我晚来公司一年的老张都是经理了，我还是一个小小的职员！"

"谁谁昨天买了一只 LV 小包包，我什么时候才能买得起啊？"

"朋友到巴厘岛去度蜜月，亲爱的，我们去海南多没面子呀！"

"同事们都在四环内买房了，最不济的也在燕郊买了个两室两厅，可怜我结婚了还租着房子。"

"小夏的老公还擦地板呢，你能不能勤快些？"

"你看人家的女朋友，温柔体贴、小鸟依人，你怎么像泼妇一样？"

有时候，向上比意味着失败。在薪水上向上比就再也感觉不到生活水平的提高，能力上往上比只能得到无尽的挫败感。向上比不仅带来无法承受的压力，更让人迷失了自我，活在他人的阴影里，找不到自己的目标。聪明的我们，有时候也要学会往下比。

"我昨天听隔壁老吴他媳妇说，老吴又升职了。是吧？"妻子问丈夫。

"嗯。"坐在沙发上看报纸的丈夫回答。

"你怎么不跟我说呢？"

"是他升职，又不关我的事，你叫我说什么呀？"丈夫的语气有些不太高兴。

"唉，这老吴还真是有能力，连连升职，你说他有什么手段呢？"

"不知道。"

"他媳妇可真幸福，找个这么好的老公。"

"你说这话什么意思？跟我过就不幸福了是吧？你要觉得老吴好，那你找人家去啊！"丈夫火了，走进卧室把门砰的一声关上。妻子觉得莫名其妙，自己没说什么怎么就惹得丈夫发那么大脾气。

第二天是周末，为了缓和一下两人的气氛，妻子提出一起去菜场买菜，做顿丰盛的中餐。于是拉着丈夫在菜场里买了很多菜，鸡鸭鱼肉，全是丈夫爱吃的，妻子打算在丈夫面前露一手。

当妻子挽着丈夫走出菜场的时候，看见菜场边上有一对修鞋的夫妻，中午的时候没有活，他们正在吃饭。饭虽然是冷的，但他们还是吃得很开心。丈夫用皲裂的手夹着一筷尖的肉丝往妻子的碗里放，说："吃多点，下午好接活儿。"

昨天还在抱怨的妻子看到这一幕很感动，也紧紧地挽住了丈夫

第八章　欢迎来到不抱怨的世界

的臂弯，就像当年他们谈恋爱的时候一样，让升职见鬼去吧，相伴到老才是最重要的。

法国小说家杜拉斯曾说："假如要爱，就该接受爱的全部。"没有人喜欢被比较，也没有人会在攀比中永远占优势。其实，婚姻是不能比较的，自己觉得好就行。不比较，天高海阔，如沐春风。关于幸福，要有自己的方程式。

幸福和享受，不一定是马尔代夫的假期，不一定是香格里拉的自助餐，不一定是奢侈品，真正的幸福是心里的充实感，是由衷的快乐，是自己对生活的满足。

活着，并不累，累在攀比与嫉妒。如果每年去一个地方旅行，你去九寨沟，但同事去马尔代夫，于是你眼红了，嫉妒了，明年也想去马尔代夫，然后开始抱怨生活。是的，如果你赚着只够吃馒头的钱，却想吃汉堡，你的生活怎么可能不拮据？但是如果你赚着能吃牛排的钱，却只是吃青菜萝卜，这个世界上，就又多了个富豪。真正的富足，是内心的富足。

成败和幸福是相对而言的。我们要有个乐观的心态，对现状，要善于向下比；对目标，要善于向上比，自然就悠然自得了。

不要再抱怨公司了，好好工作才是王道

我们身旁常常充斥着这样的声音：
工作太没劲儿、太没前途了。
工作的内容太枯燥了。
领导、同事太难伺候。
这公司太没发展太没潜力了。
这儿薪水太低了。

……

于是，发声的这类职场中人便毫不犹豫炒了老板鱿鱼辞职走人。

纽约市市长迈克尔·布隆伯格在自传《我是布隆伯格》中回忆起自己的职业生涯，他对后来人的忠告是："今天的年轻人在开始他们的事业时，对眼前的重复事务太没有耐性，却忽略了工作给他们的教益和机会，做助理工作同样蕴含着许多机会。"

停止抱怨，停止比较，与其忙着跳槽，还不如学点自己还不知道的事情。

两年前，刘滨到一家新开张的超市工作，经过两年的努力，现在当上了经理。这是一家住宅小区内的小型商场，员工连刘滨在内只有15个人。超市的工作什么都得经理亲自处理，大到营销计划的制订，小到货物的搬运、摆放这些本来不该经理动手的活计，但刘滨也照样干。

刘滨的努力也得到了老板的满意。可是唯一让刘滨不满意的是，他的薪水只有3900元。于是借公司开会的机会，刘滨委婉地向老板表达了加工资的要求。老板说："我一定慎重考虑。"

可是两个月过去了，还是没有一点儿涨工资的迹象。有朋友鼓励刘滨说："你这么能干，为什么不另谋高就？"刘滨想想也是，于是准备了辞职报告，送到老板的手中。

老板接过刘滨的辞职报告说："水往低处流，人往高处走，行！不过离开前，你愿意替我办妥一件事吗？"

刘滨问："什么事？"

老板说："很简单，招聘一位接替你工作的商场经理。招聘工作你一手把关，决定人选后带过来，让我见一面就可以了。"

刘滨想也没想便说："没问题。"

刘滨马上拟定招聘广告发布在招聘网上。招聘广告发布后的第三天，应聘者便多达四五十人。刘滨从中挑选了五位，约他们前来面试。

这五位面试者当中,有三个本科生刚毕业,一个是私营企业的会计,最后一个是已经下岗的副厂长。这几个人的"段位"可谓不低,但在问到他们对月薪的要求时,他们都很保守,竟小心翼翼地开出了低价。要价最高的是本科生3000元,而要价最低的则是下岗的副厂长2500元!当刘滨问他们为什么如此时,他们都表示,如今找份工作不容易,要求没那么高了。

事后,刘滨找到老板。苦笑着对老板说:"面试了几个,总觉得还是不如我合适。"

老板微笑着说:"呵呵,可是上周,你已决定辞职了呀!"

刘滨解释道:"老板,请允许我收回我的辞职报告。"

"你真是个聪明人。"老板说着站起来拍了拍刘滨的肩膀,"公司现在出在困难期,一时还难给员工涨工资。好好干,等打开了局面,公司是不会亏待你的。"

人们最大的误区,就是忘了自己的能力和身份,在工作面前挑三拣四,不是嫌工资低就是嫌工作累。其实每一份工作都需要你付出努力和劳动。你离开公司,你就丢了饭碗,而公司离开你,自然很快就会有人接替你的位置。一份你所不屑的工作,会有更多的人去争得头破血流。

工资总会涨的,你的资历高了,经验丰富了,你的薪水自然水涨船高。不要因为你的薪水低而离开你的公司,工作的过程亦是学习的过程,只有当你在这个公司再也没有提升和进步空间的时候,才是你另谋高就的时机。

晓汐和安慧是同学,毕业后在同一家公司上班。一天,公司上面突然公布了一份裁员名单,她们的名字都在上面,一个月后离岗。看到这个消息后,她们的眼圈都是红的。同事们看她俩都小心翼翼的,更不敢和她们多说一句话。

第二天上班,谁跟晓汐说话晓汐就向谁发火,情绪很激动,找杯子、文件夹、抽屉出气，找和她说话的人发脾气。没过多久，晓汐想出一个主意，又是送礼，又是请人吃饭，找了一些领导到老总那儿说情。晓汐高兴了几天，不过不久她又听说，谁也通融不了。晓汐再次受到打击，非常气愤，对同事也更加刻薄了。同事们开始怕她，总是躲着她。

安慧却和从前一样，同事们早已习惯这样对她："安慧，帮忙把这个打印一份，快点儿！""安慧，快把这个传真发出去。"安慧总是连声答应。裁员名单公布时，安慧哭了整整一个晚上。第二天上班来时也无精打采的，可打开电脑她就和以往一样地工作了。安慧见同事不好意思再嘱咐她做什么，便特地跟大家打招呼，主动找话。安慧说："是福不是祸，是祸躲不过。既然已经这样了，不如干好最后一个月，站好最后一班岗，以后想干恐怕都没机会了。"安慧这样想，心里逐渐平静了下来，作为一个内勤人员，她仍然勤奋地打字复印，随叫随到，坚守在自己的岗位上。

一个月后，晓汐如期下岗，而安慧的名字却从裁员名单中消失了，是的，安慧留了下来。

老板说："安慧的岗位，谁也无可替代，安慧这样的员工，公司永远不嫌多！"

在正常的工作环境下往往是考察不出来一个员工是否优秀的，有时候在一个特殊的工作环境中，更能显示出我们内在的本质。若是我们在困境中仍能保持平静的心态，一如既往地努力工作下去，那么我们就是难能可贵的好员工。记住，是金子，无论在哪里，无论什么时候，都会发光。

在每一份工作中，我们脚踏实地、做好本职工作才是最重要的。我们发现生活遵循这样的规则：每天你都会遇到小而新奇的机会，一次会议中的发言，一次客户的谈话，甚至是同事间的帮助，有时你抓住一个就会帮助你走出很远。但是在大部分情况下，这些机会只会把你往前带一小程。要成功，你必须把一点点增加的小进步串在一起,而不是寄希望于中头彩,也不要寄希望于一次小小的跳槽就可以让你立马坐上总监的位置。

不要再抱怨你的出身了

人们常常会抱怨自己的出身。人生从一出生就充满了不公平,有些人出生在钟鸣鼎食之家,山珍海味;可有些人出生在贫寒小巷,温饱尚不能解决。

毕业以后,在各自的工作生活中,更是彰显出许多的不公平。因为各种家庭背景和人际关系,有些平常人家的人虽然兢兢业业、勤勤苦苦,却还是一名小职员,过着清寒朴素的生活。有些人却因为显赫的背景,平步青云走马上任,挥笔间成就几百万的单子,生活更是灯红酒绿、纸醉金迷。

其实,出身贫穷并不可怕,可怕的是思想上的贫穷,出身并不影响你追逐梦想。出身的劣势不是你放弃梦想的理由。你自己的选择才决定了你的未来!出身相比实力,更不重要,如果你出身既不好,又没实力,那你就完蛋了。

2010年,相亲节目《非诚勿扰》横空出世,直到现在这档节目依然经久不衰,并在社会上刮起了一股相亲风。在《非诚勿扰》播出之初,两个"光头主持人"闯进了观众的视线,沉稳幽默的主持人孟非和犀利指点嘉宾的主持人乐嘉搭配,令人耳目一新,节目的收视率直线上升。

这也让两位"光头"一夜成名。后来乐嘉又开启了独立主持生涯,包揽了《老公看你的》《别对我说谎》和《不见不散》《超级演说家》等多档节目。而孟非自《非诚勿扰》之后,更是一跃成为全国知名主持人之一。

乐嘉作为一个主持人，其实并非科班出身，在早年的拼搏中和大多数人一样居无定所。他从宁波中专毕业以后，到大城市漂泊打拼，做过演讲者，做过销售培训员，也开过讲座，还学过表演。乐嘉以专业演讲者的身份行走江湖，走南闯北，后来才成为主持人，并获得了成功。

而孟非的主持人之路也并非一帆风顺。当年孟非高考落榜之后，先是下海淘金，四处碰壁后当起了搬运工。之后孟非又回到南京，在江苏广播电视报印刷厂做了一个印刷工，之后还当过保安，做过送水工，开过超市。一次偶然的机会，孟非终于成了电视台里的一名接待员，端茶、倒水、接电话、接送客人，最后才成为"光头名嘴"、一个著名主持人。

如果你埋怨老天不公，如果你埋怨父母没本事，因此便自暴自弃，或者做无谓的幻想：假如我是富人的孩子，假如我的父亲是名企CEO，假如我的哥哥是局长，假如我的亲戚有权有势……那么，你必然会遭受更大的不公，你将要比你"失败"的父母更加失败。不要再对家庭背景雄厚的天之骄子羡慕嫉妒恨，没有人能够选择自己的出身和家人。

周杰伦是很多人的偶像，当人们沉浸在他的歌声中的时候，却没有多少人关注过他的成长史。

周杰伦出生在台北市一个普通家庭。从小周杰伦就表现出对音乐的热爱，听到音乐就会随着节奏兴奋地摇晃。周杰伦妈妈让他从三岁开始练习弹琴，对他的要求很严格，童年的周杰伦几乎被剥夺了玩耍的权利。每次练琴时，周杰伦妈妈手里就拿着一根棍子，站在他的背面，盯着周杰伦认真练琴，不允许他出一点神。14岁时周杰伦父母离异，在单亲家庭成长的他，性格变得内向而羞涩。

高中时代，周杰伦开始尝试自己创作歌曲，沉溺在音乐之中的他，没有继续念大学。高中毕业后，周杰伦在一家餐馆当了名服务生。这时音乐救了他,给他带来好运。1997年,周杰伦参加了《超猛新人王》选秀节目。当时表现并不算好的周杰伦却意外得到了吴宗宪的青睐,吴宗宪发现周杰伦有创作才能,决定聘请他到自己的公司担任音乐制作助理。

经过两年的磨炼,命运之神终于眷顾了周杰伦。1999年的某一天,吴宗宪把周杰伦叫到了办公室,对周杰伦说,给你10天的时间,写出50首歌,就给你出唱片。周杰伦兴奋不已,买回一大箱方便面。在那10天内,他废寝忘食地创作,累的时候,打个盹儿,醒来后继续下一首歌曲的创作。

于是,周杰伦的第一张专辑——《JAY》新鲜出炉。发行后更是一鸣惊人,唱片大卖,而且还一夺最佳演唱专辑、最佳制作人和作曲人等大奖的桂冠。就这样,周杰伦从一名餐厅的小小服务员蜕变为如今家喻户晓的当红天王。

英雄莫问出处,众多出身于寒门却获得成功的英雄,一直激励着我们在黑暗中前行:太平天国的名将石达开是理发匠出身;长江实业集团有限公司董事局主席李嘉诚是做塑胶花出身的;台湾被誉为"三王一后"之一的著名主持人胡瓜出身客家,自小就受人歧视。

人的出身不能选择,但是人的道路是可以选择的。通过自身的努力与奋斗,选择生活道路和方式,我们可以改善自己的生活。荣誉和成功不是出身造就的,而是我们的努力成就的。出身并不代表一切,出身仅仅是我们的起点。所以,聪明的你,放弃自怨自艾吧。勇于驾驭自己的命运,勇于冲破生活的困境,这才是真正的人生!

第九章
调整好自己的心态

积极的心态会给生命带来阳光和温暖

俄国著名诗人巴尔蒙特有诗曰:"为了看看阳光,我来到世上。我来到这个世界为的是看太阳和蔚蓝色的原野。我来到这个世界为的是看太阳和连绵的群山。我来到这个世界为的是看大海和百花盛开的峡谷。我来到这个世界为的是看太阳,而一旦天光熄灭,我也仍将歌唱,我要歌颂太阳,直到人生的最后时光。"

诗人轻灵的诗句,让人感受到他怀着一种诚挚的情感,用他那细腻的笔触,歌颂着世界万物。即使……也仍将歌唱,更是展现了诗人对生活的热情和乐观的态度。

从前,有两个人在沙漠里迷路了,他们在黑夜中行走,想走出这无际的让人绝望的沙漠。

两人走得又累又饿，白天还体力充沛，但在黑夜的包围中，渐渐体力不支了。在休息的时候，其中一个人躺在温热的沙地上，问另一个人："现在你能看到什么？"

另一个人绝望地说："我现在又渴又饿又累又冷，我现在看到了死亡之神，我看见他在一步一步地向我们靠近。"

提问的人却微微一笑说："不过，我现在看到的是满天闪烁的繁星和我的妻儿等待我回家的脸庞。"说着，把自己仅剩的一壶水，分给了另一个人一半。

对方苦笑道："只有半壶水了，怎么样才能支撑我走出这沙漠呢？"

他说："不，朋友，我们至少还有半壶水。"

后来，那个说看到死亡的人真的被死神带走了，在喝完这最后半壶水后，他恐怖地等着死亡的来临。而另一个说看见星星和自己妻儿脸庞的人，怀揣着最后的半壶水，靠着星星指引的方向，成功地走出了沙漠，走出了死亡之神的魔爪。

沙漠中的这两个人处在同样的环境中，并没有什么区别，在沙漠中，他们只有半壶水和仅剩的一点体力，仅仅因为心态和心境的不同，最终一个让命运主宰了自己的生命，而另一个却扼住了命运的喉咙，走出了困境，重获了人生。只要心中还有希望，只要你还可以看见闪耀的繁星，你就能走出生命的困境，你就能看见明天的阳光。这个世界只会给你半杯水，关键在于你是看见了半空的杯子，还是看见了半满的杯子。

人之所以不快乐，有两个原因：一是我们害怕失去。当愉悦时，总希望时间停止，幸福长久，可是世界上没有永恒的东西，因此我们感到不快乐。二是我们躲避现实。当痛苦时，总要希望让我们痛苦的事情立马随风飘去，但是天不遂人愿，因此我们感到不快乐。患得患失和怯懦是我们不快乐的根源。

获得快乐的秘籍，是我们对生命积极的表现。积极的心态是成功的源泉，给生命带来了阳光和温暖，让我们享受到成功的愉快，帮我们度过困境的黑暗期，从而迎接黎明的曙光。消极的心态则不然，消极是失败的开端，是生命的无形杀手，扼杀成功和希望的蓓蕾。

张致远是这个城市最年轻、最享有赞誉的律师。只要有张致远参与的官司，没有一场是打输的，这让张致远成了这个城市法律界炙手可热的人物了。造就张致远每一场官司旗开得胜的，不仅是因为张致远扎实的专业知识、雄辩的口才，更关键的是张致远的好心态。

又是一场腥风血雨的官司，而这次对方的律师同样是另一个城市有名的律师。张致远在接受这个案件的受审过程中，一直保持着冷眼观看的状态，所有在场的人在心里都为张致远暗暗捏一把汗，看来，这次要输了。

在面对对方律师粗暴的询问时，张致远还是一直都保持着一种很平和甚至可以说是不动声色的态度。可是人们没有想到，张致远在关键时刻指出了对方一个致命的错误。正是张致远这样不动声色的态度让他赢得了这场艰难的官司，并一举挫败了对方律师的"阴谋"。

张致远说，对方的咄咄逼人，不是强势，其实是他紧张和脆弱的表现。

人非草木，岂能无情。面对他人无礼的指责，面对不公的境遇，谁可以做到无动于衷呢？一个人不可能永远都不发怒。可是当你真正发怒的时候，当你后悔的时候，当你抱怨的时候，你想过没有，这些负面的情绪真的帮助你度过了这些困境了吗？恰恰相反，负面情绪只会令事情更糟。

背负的多了，脚步也就慢了。如果一个人背着沉重的情绪负担，过着一种充满焦躁不安和愤懑不平的生活，不仅蹉跎了时间，蹉跎了精力，蹉跎了信心，更会蹉跎了希望和未来。

无论生命中出现什么样的逆境，我们的事业出现什么样的瓶颈,我们的生活遭遇到什么样的打击,只要我们能坦然面对一切变化,即便是在最困难的时刻,我们的心也会变得平和。以不变应万变,我们一定能笑到最后。

成为一个快乐的人吧,让自己的心情做一次深呼吸,经常清空自己的坏心情,清除情绪残渣,保持愉快的心情,不要让昨天的乌云遮住今天的明媚阳光。

世界上没有"假如"

信乐团有一首歌叫《假如》:"……假如时光倒流,我能做什么,找你没说的却想要的,假如我不放手,你多年以后,会怪我恨我或感动,想假如是最空虚的痛……"世界上没有后悔药,道理虽简单明了,但是很多人在生活中还是忍不住去后悔、去责备自己,天天想着:

假如我当初不那么做,事情就不会这么糟糕。

假如我当时就知道,就不会发生后来的事情了。

假如我出生在富贵之家就好了。

假如我天生丽质、身材修长就好了。

假如我中彩票就好了。

假如那天我早知道他要来,我就该好好准备,说不定他对我会有好感。

假如上周我请假去参加婚礼,那么现在我遇到困难的时候朋友也不会对我冷漠无情了。

假如我早些年对父母尽心一点就好了,这样也不必造成现在"子欲养而亲不在"的情形。

假如我对孩子多点关爱就好了,也不至于现在孩子性格孤僻,行为又叛逆。

假如……假如……可是时间不可逆回，生命不可重来，这世上没有这么多"假如"。

印度有一位哲学家，饱读经书，满腹经纶，才华四溢，又有潘安之貌，很多男人都羡慕、嫉妒他，也有很多女子迷恋他，他也成了当地的"大众情人"。

一天，一个女子来敲他的门，说："我是世界上最爱你的女人了，让我做你的妻子！"哲学家虽然也很喜欢她，却回答说："请让我考虑一下！"

哲学家用研究学问的一贯精神，将结婚和不结婚的好坏所在，分别罗列记录下来：假如我们结婚会怎么样，不结婚又会怎么样，却发现两种选择，好坏均等，各有千秋。于是哲学家陷入了长期的苦恼、烦闷之中。最后，他终于在苦思冥想后，得出一个结论——人在面临抉择而无法取舍时，应选择尚未经历过的。

于是，内心笃定的哲学家来到女子的家中，问女子的父亲："美丽的姑娘在哪里？请您告诉她，我考虑清楚了，我决定娶她为妻！"女子的父亲却冷漠地回答："尊敬的哲学家先生，您来晚了10年，我女儿现在已经是3个孩子的母亲了！"

哲学家听了，顿时呆若木鸡。他怎么也想不到，所有看似完美的比较推论研究，最后换来的竟是追悔莫及。而后两年，哲学家一直想："假如我没有这么多繁复的推算的话，假如我当初义无反顾地答应了那个女子的央求的话，那我现在就是三个孩子的父亲了，那现在我们的生活一定很美好"，如此往复，终至抑郁成疾。

很多时候，我们不要太在意结局。失败乃成功之母，过错是一种经历，遗憾何尝不是一种美丽呢？我们的生命不可能完美，对于过去的失误、过去的遗憾，谈笑间，时间飞驰而逝，谁还会记得多少年前因为你一句小小的话导致了整个会议的尴尬？谁还会记得多少年前因为你一次穿戴不合体而使众人在背后偷偷笑话？谁还会记得多少年前因为你拿错了文件而谈崩了一个本可获利不菲的项目？

很多事情，如果摆在多年以后再回想起来，一切物是人非、烟消云散，所有现在导致你情绪低落、心情不佳的事情，都没有了后悔难过的必要，都将失去遗憾自责的意义。所以，请不要再回首，请不要再后悔，请不要再自责，请不要再"假如"，我们回不到过去的，而我们终将走过这疾风骤雨的一程。

你为什么不大哭一场

工作中，生活里，我们的压力如此之大。领导的不满，同事间的摩擦，朋友间的误会，和家人的争执，都让我们疲惫不堪。因为我们早已过了可以哭泣的年纪，所以再不能像孩子一样用号啕大哭来宣泄心中的不满和愤闷了，而眼泪也被人看作懦弱的表现。

但为什么很多人痛哭一场后，感觉就会轻松不少呢？原来，哭泣时流下的眼泪能清除人体内的毒素，而正是这些毒素让我们产生了烦恼。美国生物化学家弗雷就认为："强忍不哭，把眼泪咽下去等于慢性自杀。"那么，你有多长时间没有哭过了？

去年的最后三个月是张琳30多年来流泪最多的三个月。

10月下旬，张琳的婆婆被诊断为乳腺癌晚期，当即入院，29日做的手术，紧接着就是化疗。祸不单行，张琳的弟弟这个时候却离婚了，留下一个8岁的儿子在家，因为弟弟在外上班，不能照管孩子，看管孩子的任务也就自然而然落到了张琳身上。

从不生病的婆婆怎么可以一下子得了这么重的病？闹了好几年，离婚的弟弟怎么可以在这时候离婚？从小就没承担过任何负担的张琳瞬间就垮了，终日以泪洗面。但是懂事的张琳不敢当着丈夫的面哭。和丈夫在一起，张琳只有对他加以劝解，让他觉得天塌下来张琳会和他一起扛。

但是到了晚上一个人的时候,张琳躲进被窝里哭,无数个夜晚,她都是这么过来的。那天遇到以前的同事,张琳和她待了整整一个下午,哭了整整一个下午,好好地发泄了一下自己的情绪。同事没有笑话张琳的眼泪,给了她很多的鼓励和支持。哭泣了,宣泄了,心里就舒服多了,张琳擦干眼泪继续明天的奋斗。

元旦前,婆婆的化疗结束了,张琳不用往医院跑了。今年的春节张琳过得好累,大年三十年夜饭,初一饺子,还有给祖宗的大供,以前什么事情也不用操心的张琳,在婆婆的口授下什么都会了。初一朋友来家给张琳的老公过生日,初二给长辈拜年,初三帮婆婆招待亲戚,初四去朋友家聚会。经过一连串的应酬,张琳终于扛不住了。

初十的晚上,找了一个小小的借口,张琳喝了一瓶干白,哭了个天昏地暗,痛快淋漓,把这半年的委屈、辛苦、操劳、心酸都哭了出来。哭一顿闹一场,沉沉睡去,就什么都过去了,第二天什么事也没有。

哭有时并不代表懦弱,它是一种情感的宣泄。人类刚刚来到这个世界上的时候,只是纯粹地哭。但当成人以后,哭泣不可避免地混入了情感的因素,而哭泣所携带的信息,远不只身体不适或生理需求那么简单了。

哭泣是正常的生理表现,应该顺其自然。如果强制,内心的抑郁没法排出,心理就会不平衡,身体就会受到损害。现代人工作紧张、压力大,长期承受着工作、生活上的压力,身心产生并积累了大量的毒素。这些毒素平时很难排泄,而哭泣时它们就能从泪水中排出。

小媛失恋了,苦心经营四年的感情一下子就烟消云散了。小媛很难从失恋的痛苦中走出来,但是性格倔强的她从头到尾都没掉一滴眼泪，而是整天坐在家里，对着前男友的照片发呆。一个月下来，人就瘦了一圈，目光变得呆滞，沉默寡言。

没办法，闺密实在看不下去了，她来到小媛的房间，还没等小媛反应过来，就狠狠地抽了小媛一个嘴巴子，吼道："为个男人值得吗？你这样对得起谁？"

小媛眼睛红了，她狠狠地大哭了一场，她知道自己这样让家人朋友担心了。大哭之后，小媛觉得自己放下那段感情了，她学会了控制自己的情绪，再也没有让自己长时间地陷入对过去的缅怀当中。

心理学家吉尔博士指出：那些被社会教育成"不哭的人"，应该重新学习哭泣的能力。人有七情六欲，该笑时就笑，该哭时就哭，这是人的正常生理表现。然而开心时，很多人都会自然地笑。但是，哭就比笑难多了。很多坚强的女性和男性，强颜欢笑，其实笑得比哭还难看。

找人倾诉，说出心中的烦恼

人活着，痛苦或者悲伤总是难免。有一种人不喜欢把心中的不快和痛苦说出来，喜欢一个人扛着，他们以为这样保护了自己，也免得他人受到伤害，可是往往内心的负面情绪积累多了，就会爆发出来，所以看起来很老实很沉默的人，往往会做出过激的事情。因此，我们要学会倾诉，学会吐槽。

快乐与人分享，就会变成更大的快乐；痛苦与人分担，便可减轻痛苦。不愉快的事情隐藏在心里，只会增加心理负担。不如找人倾吐烦恼吧，这样你会发现，将心中的不快一吐而尽之后，心情会舒畅很多。

35岁的朱栋从五年前就开始做医疗器械生意，现在正值事业的高峰期。可天有不测风云,去年夏天,原来一直合作了三年的生意伙伴居然把朱栋给坑了,而朱栋也因此缠上了一个麻烦的官司,因为这,生意也做不成了。

朱栋在家修整,总是一副筋疲力尽的样子。朋友们看不下去了,都来安慰朱栋。这时的朱栋终于打开了心扉,将实情一吐为快,在和朋友的聊天中,朱栋把那个欺骗自己的合作伙伴骂了上千遍。虽然等待自己的还有一个麻烦的官司和生意烂摊子,可是朱栋的心情在对朋友倾诉之后也好了很多。

朱栋说:"朋友对我来说太重要了。我的工作压力大,好多事情都需要及时处理,我快累死了。这时候,一旦有个朋友打来电话,我就把自己的烦恼说给他听。朋友会给鼓励我,安慰我,这样我的心情瞬间就会好很多。周末休息时,和朋友在一起运动运动,钓鱼、登山,烦恼、压力一下子全没了。"

人生得一知己而足矣。当产生不良情绪时,朋友们聚一聚,一壶清茶,把烦恼不快倾诉一番,把自己积郁的消极情绪宣泄出来,以便得到朋友的同情、开导和安慰。相比生闷气和大哭大闹,这样的倾诉实在属于上上计。有专家研究指出:"一个人如果有朋友圈子,就能长寿20年。"朋友的重要性可见一斑。

倾诉是最为广泛而有效的宣泄调节法。在日常生活中,我们都会存在或多或少的不良情绪,于是我们苦恼,我们悲泣。这时候,不妨找自己最信任的人倾诉一番,将心头的不快说出来。

丽霞最近很烦心,因为婆婆从上个月起就代替自己看孩子,可是每一次见面都要求买东西,丽霞的老公又是个孝顺儿子,母亲永远排在第一位,即使母亲实在是做错了也不会吭声。

前些天,天气开始热了,婆婆就跟丽霞说:"天这么热,小家伙这么胖,总得要买台空调吧。"于是丽霞老公给了婆婆3000块钱,可是婆婆还是念叨:"现在一台空调再怎么也要3500吧。"这个周末，婆婆吵着要出去看空调，差的、小的、老款的空调看不中，看中了个4000的，婆婆也不顾有没有钱，当场拿500块付了定金，然后让丽霞去凑钱。

恼人的事情还不止这一件呢。丽霞因为当初买房子时钱不够，跟妹妹借了几万。现在妹妹的儿子在市里工作，住在丽霞家，让丽霞有苦难言的是，这侄子贪吃又懒惰，一点儿也不节约用水用电，而且这侄子又说不得，丽霞简直是要疯了。

后来，丽霞和闺密哭哭啼啼地说起这两件事情，闺密说："家家有本难念的经，我家更恐怖呢，虽然我家看上去和和睦睦的，其实也是表面文章……"

丽霞在与闺密聊家长里短的同时，发现自己的心情好多了。

倾诉是生命的良药，多与人交流沟通是释放压力的有效途径。通过向他人倾诉，我们可以获取心理支持，增强面对问题的信心。很多医生都表示，许多疾病如胃溃疡、高血压等，病因中都有情绪压抑的因素。由于有理无处说，有苦无处诉，往往会使人精神恍惚，心神不宁。

在情绪不安时，在精神压力大的时候，找人谈谈，倾吐心中的抑郁，把话说出来，把不满的情绪发泄出来，甚至是大哭，之后，你的心情就会平静得多。所以，当工作压力大，感情生活不顺时，记得找人倾诉哦！

模拟报复，释放你压抑的情绪

市场上有一种玩具叫发泄球，你可以使劲捏它、踩它，也可以把它砸向墙壁。也有一种玩具叫暴力熊，你可以随便拧它的手、拧它的脚，也可以把它卸成一个个小零件。这些都是商家为了满足消费者泄愤而卖的玩具。

人生在世,有时我们因受到愚弄、打击而愤愤不平。有时我们因蒙受不白之冤而深感委屈、苦闷。有时我们因亲人的去世而悲痛欲绝,有时我们因事业上的挫折失败而心灰意懒。而人们在受到情绪困扰时,有人抑制自己,硬把心头的怒火压下去,忍气吞声,让眼泪往肚里流;有人报复性发泄,一消心头之恨,一泄心中之愤,以求得心理平衡。

钟伟在一家贸易公司做业务主管。在工作中,钟伟是一个待人温和的人,人缘好,很受大家欢迎的人。作为业务主管,每天他总是会遇到无理取闹的客户,偶尔还会受到领导不近人情的批评,可是周围人几乎没有见他生气过。

周末,一个朋友去街心公园玩,恰好经过他家,顺道去看看他,却发现钟伟一个人在书房。只见钟伟眉头紧锁,在一张白纸上刷刷刷地写着什么,然后又迅速把纸撕烂,丢进垃圾桶。这样反复了三次,他全神贯注到没有发现朋友在场。

当朋友问他在干什么时,钟伟不好意思地笑了,偷偷地告诉朋友:"我讨厌那些无礼的客户,我讨厌斤斤计较的领导,我受了委屈,可是公司又不能发脾气,发脾气就得不偿失了,不仅会失掉我的客户,也会失去领导的赏识。于是我回到家,把所有的不满写下来,并在纸上把他们骂个遍。然后心情舒畅啦,明天可以愉快地工作了。"

钟伟笑嘻嘻地对朋友说:"我是不是很小人啊?"

朋友哈哈大笑:"如果这样就可以控制自己的脾气,又可以宣泄自己的情绪,我也要做这样的'小人'。"

模拟报复可以让自己的压力释放出来。对于公司的很多白领来说,在办公室发脾气是一个很不明智的行为。因为在办公室,我们要考虑到自己的形象,考虑到自己的一言一行会给同事、领导带来什么样的印象。

那么，就换一个场所吧。当我们愤懑的时候，我们完全可以在自己家中进行这种模拟报复。将自己厌恶、痛恨、讨厌的人的图像贴到墙壁上，把这些图像当成我们发泄的对象，然后进行语言行为报复。如果你不知道如何摆脱职场中的人际压力，不妨也试一试这个办法吧。

前些年，有一则新闻，说镇江某公司为员工设立了一间"宣泄室"。室内，有一位20多岁的女子大声地发泄着自己的不满。说到激动处，她还抄起手边的"大锤"，向一个橡皮人狠狠地砸去。

原来，该公司规定，遇上脾气大的客户说些狠话甚至脏话，还得始终微笑待客，这使得很多员工都憋了一肚子的怨言。于是公司老板就想到了模拟报复这个方法，并马上为员工新辟了一间"情感宣泄室"。

企业宣泄室中的橡皮人，最早出现在欧美和日本等地的企业中，专供员工痛打，宣泄不良情绪。最近几年，国内的一些企业也引进这种宣泄室。这一切说明了模拟报复在释放不良情绪方面作用。

近些年，国内多所大学设立"心理宣泄室"。一间全封闭的房子里，平时文质彬彬的学生一边对着橡胶模拟人拳打脚踢，一边口中念念有词地发泄着愤怒。随着大学毕业生就业压力的骤增，导致大学生心理问题比较突出。不知从何时起，大学生心理宣泄室开始出现在全国一些大学校园里。

据媒体报道，哈尔滨商业大学心理咨询中心建立的心理宣泄室，成为这个学校学生缓解压力、释放心情的好地方。学生可以到心理宣泄室大喊一会儿，还可以对着沙袋拳打脚踢打上10分钟。这是一个奇妙的房间，既充斥着暴力和愤怒，又化解着痛苦和委屈。

忍无可忍，无须再忍，我们要学会宣泄。但是我们也要了解，宣泄是把郁结在心头的不良情绪赶出去，而并不能把这种"心头之结"化解开来，治标不治本。"解铃还须系铃人"，我们应该勇敢地面对导致不良情绪的事情。

换个事情做，赶走坏情绪

你是不是常常抱怨交通拥堵？你是不是常常忍不住控制脾气冲着他人发火？你是不是担心明天的股市会跌？你是不是常常恨不得把身边的东西砸个稀巴烂？生活中，当我们用脑过度时，当我们工作疲惫时，当我们压力缠身时，我们就会情绪烦躁紧张。这时候，我们要是做点别的事情，就可以分散我们的注意力。

为了给自己减压，我们不妨在疲惫时换个事做，如听音乐、散步、打球、看电影、骑自行车等，都可以使我们紧张烦躁的情绪松弛下来。人在发生情绪反应时，大脑中有一个较强的兴奋灶，此时，如果再另外建立一个或几个新的兴奋灶，就能抵消原来不良情绪的兴奋灶的优势地位。

在村里所有人的眼中，郭晴的母亲是一个善良贤惠的好女人，干得了农活，又做得了一手的好菜。孝顺公婆，辅助丈夫，又培养出这小村庄里第一个浙大的高才生——女儿郭晴。村里的人都觉得郭晴人好命好。

可是郭晴觉得母亲是一个懦弱的人。父亲是个酒鬼，常常喝得酩酊大醉才回家，一回到家就对着母亲大吼大叫。郭晴见惯了父亲这个样子，一般情况下，这时自己会关上房间的门，气呼呼地去看书。可是母亲却一点怨言也没有，帮父亲擦脸，换上干净的衣裳，扶父亲上床休息，然后开始默默地收拾屋子。

这天，郭晴实在是看不过去了，走到客厅，看见母亲又在使劲地擦桌子，擦柜子，郭晴看见母亲沉默的样子，心疼极了。郭晴夺走母亲手中的抹布说："别这样了，妈，你不生气吗？离开这儿，和我一起去杭州吧，我可以半工半读，一定不让你再受爸的气了。"

母亲却笑着说："我怎么不气？不过你爸也不容易啊，忙了一天了。你看，屋子收拾干净了，我心情也好多了。"

郭晴明白了，母亲为了转移自己的不良情绪，用的是最简单的方式——收拾屋子。郭晴认为自己遗传了父亲的那种臭脾气，有点惭愧。母亲生活中的智慧，让郭晴受益终身。

当我们承受着巨大的生活压力时，当我们遭受不公平的待遇时，当我们面对不可理喻的人时，当我们为这种重复性的工作方式产生厌烦疲惫时，我们不妨停下手中的事情，不去想面前的境况，做点完全不一样的事情，用来转移自己的注意力，赶走坏情绪。

我们可以用文字、图画、音乐等，甚至也可以去公园走走，去郊游踏青，寻找生活的乐子，抒发自己的情绪，让坏情绪得到升华。其实生活也没有这么烦恼，相对于美好的生活而言，眼前的烦恼又算得了什么呢？等你再回到工作中、回到原来的环境下，原有的问题可能也不复存在了。

经历过这样的事情，徐佳再也不相信所谓的友情了。

两年前，徐佳曾和朋友合伙开了一家品牌服装店，各出资一半，徐佳几乎拿出了自己五年来所有的积蓄。服装店由朋友全权经营，利润朋友拿六，她拿四。和朋友达成协议后，一切如约进行。因为徐佳有着自己的固定工作，加之对朋友的信任，让朋友全权负责店里的生意，自己只要到时间拿到分红就是了。

半年后，朋友告诉徐佳说："因为经营不善，没有赚到钱，还把所有资金都赔了进去。"徐佳安慰说："赔就赔了吧，做生意哪有只赚不赔的，你也别太自责了。"

纸包不住火，今年，徐佳终于知道了事情的真相。原来，朋友背着自己悄悄地将两个人的资金转移到了朋友自己的另一个品牌服装店的账上了。得知真相后的徐佳勃然大怒，想不明白，自己最好的朋友怎么会这么狠心。

事后徐佳打算去拉萨散散心，在离天最近的高原上，天很蓝，云很白，徐佳想明白了。既然赔了钱，为什么还要赔了自己的身体呢，天天伤心，真是伤心伤肺，健康才是最重要的。徐佳用钱认清了朋友的真面目，想想也值了。生活继续，一切都过去了。

当我们长时间沉浸在忙碌的工作及复杂的人际关系中时，各种各样出现的问题和烦恼都会让我们情绪中的消极因子不断累积。长此以往，会对我们的身心造成极大的危害，我们承受的压力也越来越大。当在生活中遇到挫折和不快时，我们要学会通过做点自己喜欢的事情分散注意力，释放压力，保持心理平衡。离开不愉快的地方或做另一件事情吧，你多久没听音乐了？你多久没欣赏画展了？你多久没读报了？你多久没养花了？你多久没郊游了？

赶快列出五件你喜欢的事情吧，例如：买件漂亮时尚的衣服、泡一个舒服的热水澡、看一场刚刚上映的电影、听一曲新出的优美的音乐、选本喜欢的书看、坐在咖啡馆里喝着咖啡听着音乐。赶紧停下你手中的事情，去做这六件事吧！

学会原谅是一种成熟的心理

当你受到他们的伤害，当你流过痛苦的泪水，那么你是选择继续气愤不已、悲痛不堪甚至走上"复仇"之路，还是选择用自己的爱和慈悲宽容他们？

如果你选择铭记伤害永不原谅，那就必然会在痛苦中愤愤度日，深陷曾被伤害的痛苦，内心总是体验被伤害的经历，并时刻蓄谋着如何雪耻天下，这样的你怎么会快乐呢？

其实，与其在曾经的伤害中苦苦挣扎，不如忘记过去，原谅他人。当你用平和的心态来回忆过往，用真挚的言语去对待他人的过失时，你就拥有了一颗豁达和慈悲的心。而当你原谅他们时，你会发现你自己内心的伤痕也已经慢慢抚平。原谅是一种成熟的心理，学会原谅吧！

生活中，我们不慎被人伤害，但是当伤害过去之后，我们不如做一个心胸开阔的人，凡事想得开，以宽容之心对待。学会原谅是一种成熟的心理，原谅别人也是一种高贵的品行。活在这个纷繁复杂的社会，让别人欠自己人情，总比自己欠别人人情舒坦些吧。与其怨恨在心，不如试着去原谅吧。

人生是一条不断向前奔腾的河流，聪明的人，对于过去和过错，往往会选择淡忘、选择原谅，放过别人，更是放过自己。

战国时期，魏国庞涓指挥魏军打了不少胜仗，自以为是个了不起的军事家。可是他心里却妒忌同窗孙膑的才能。

于是，庞涓精心安排了一个陷害孙膑的奸计。他向魏惠王举荐孙膑，魏惠王欣然派人请来孙膑，共议国事。孙膑的才华在魏惠王面前显露无余，就在这时，庞涓在魏惠王面前诬陷孙膑私通齐国谋反。魏惠王大怒，要杀孙膑，庞涓又假意说情，最终孙膑还是被治了罪，并被剜掉双腿的膝盖骨。后来孙膑知道了这是庞涓的诡计，一怒之下烧掉了即将写成的兵书，装疯卖傻，麻痹庞涓，以期设法逃脱庞涓的残害。适逢齐国的一位使臣前往魏国办事，他偷偷把孙膑藏于车内，混过了关卡，带回齐国。

被剜了膝盖骨的孙膑逃到齐国后为齐王所用。在救赵之战中，田忌采纳孙膑的围魏救赵、减灶计，经桂陵之战和马陵之战后，最终迫使庞涓在马陵道自杀。

庞涓无容人之量。假如不是他嫉贤妒能，也许他能免于一死；假如不是他心胸狭窄，也许他能免于一死；假如他虚心求教于同窗之友，潜心兵法，也许他也能免于一死。但这一切也只是假如，历史既定，教训永记于心，我们要将它视为金科玉律，这样才不会和庞涓犯同样的错误。

"径路窄处，留一步与人行；滋味浓时，减三分让人尝。"面对一些无法改变的现状，不可弥补的事情，与其尖酸刻薄，痛苦悲伤，不如以微笑面对，"你伤害了我，我偏要一笑而过"。宽容是大海，海纳百川；宽容是一双慧眼，善于发现别人的闪光点，不因为一点过错而扼杀别人的全部；宽容是一剂良药，当你喝下它时，你心灵的病痛就会彻底痊愈。

没有糟糕的事情，只有糟糕的心情

成功者之所以成功，因为他们付出了努力，还因为他们有一定的能力，更因为他们善于控制自己的心情，能在电闪雷鸣中看到彩虹，并保持一种良好积极的心理状态，不被眼前的迷雾遮了双眼。

其实世间所有的成败得失，都在于两个字——心情。心情好则事情顺利；心情坏了事情也会变得糟糕。你会发现，今天要是早上出门心情好，出门堵车成了欣赏风景，即使是乏味的工作你也做得热情洋溢。要是你今天早上心情不好，那接下来，似乎老天也在和你作对，出门堵车不说，连在公交车上、地铁上遇见的人，都是对你有成见的、不友善的。

冬天的一个晚上刮了一夜的风。第二天画家和朋友一起去树林里散步，地上都是枯枝败叶，朋友想回家了，不想再看见这样萧瑟的场景了，不料画家却说："你先回家吧，这里多美啊，这是大自然的手笔，我要临摹这美景。"

又过了一个星期，下了几天的雪终于停了。画家又和朋友去雪地里散步，现在再也没有凌乱的树叶和树枝了，他们所看见的是一片纯白的世界。

突然朋友看见路边有一大块污迹，显然这是狗留下来的污迹，为了不影响美好的雪景和赏雪人的心情，朋友趁画家不注意，就用鞋尖挑起雪把它覆盖住。

可是令朋友诧异的是，他抱着美好愿望的举动却惹了画家一脸不高兴。

画家说："这几天，我总是一个人来到这里，来欣赏这一片美丽的琥珀色，可是今天你却把它破坏了。"

在这位画家眼里，凌乱的树林和这污迹，已经不是它们所呈现的本来面目了。凌乱的树林成了大自然的手笔，而在朋友眼中这污迹也已经成了一片美丽的琥珀色。这是画家的审美情趣，更是一种积极的心态，一种乐观的人生态度。

在我们的生活中，我们常常面临各种各样的糟糕的事情。在懂得生活的人们眼中，永远没有糟糕的事情，只有糟糕的心情，没有过不去的事情，只有过不去的心情。我们应该活在当下，放下一切阻碍你快乐的坏心情，让心情适应事情，适应环境。

欣欣失恋半年了，却一直对分手的事情无法释怀。

触景生情时欣欣还会禁不住伤心落泪。分手的原因很简单，在一次交谈中欣欣坚持说男友不真诚，于是引起了更大的矛盾，而男友以此为借口和欣欣彻底决裂了，并且和新的女朋友一起去另一个城市发展去了。

事后欣欣一直为自己的倔强和冲动感到后悔，认为是自己的言行彻底伤害了他，自己说话太绝情了，才会让他死心。

欣欣今年28岁了，年龄也不小了，父母很替欣欣的情况着急，可是欣欣现在多愁善感，自己也不知道怎么办才好。在朋友和家人的帮助下，欣欣曾经也努力加油振作精神，可是最近一段时间里，她的情绪又莫名其妙地变得抑郁、消沉起来，开始厌恶与新的异性交往。

每天郁郁寡欢、心情低落的欣欣，对异性失去了信心，甚至对生活也失去了的信心。

与其说欣欣遭受了生活中最糟糕的事情，不如说是遇到了自己最糟糕的心情。其实想想，生活中没有什么坎儿是过不去的。为了这样的男人伤心这么久不值得，不如想开些，一个不懂得珍惜你的男人就算跟他结了婚又能怎么样，到那时受的伤害只会更重。放下一切，迎接明天的美好，这才是聪明人的选择。

回忆是痛苦的根源，过去就要过去。昨天已经结束了，纠缠再多已经于事无补，白白让自己伤心难过。很多坏事情、坏心情要像垃圾文件一样，该删除的时候应该彻底删除。

请记住，每个人是自己心情真正的主人，要么你驾驭生命，要么生命驾驭你。其实，事情永远没有最糟糕的，只要有心，一切都还有希望。无论外界怎么样的风声雨起，我们要保持最平静的心情。

困境是自己制造出来的。道理很简单，决定成败得失的，不仅在于能力大小，不仅在于机遇多寡，还在于我们用什么样的心情做事，用什么样的心情做人。

与其在痛苦中挣扎，不如快乐地生活

忧虑是现代人常常犯的毛病，患得患失就是忧虑的一大表现。很多东西在没有得到的时候，我们拼命想要得到，而在得到的时候，我们又会对一个小小的失意耿耿于怀，久久不能释怀。比如朋友早买了新房,而自己首付的钱还没有凑够,还住在出租屋里,不知道什么时候才能买得起房,于是心里很不舒服,勒紧裤腰带也要向朋友看齐。后来好不容易买了新房,刚刚签了合同没多久,又发现房子的价格有所松动,看样子有下降的趋势,于是,又陷入了后悔的情绪旋涡。

无论做什么事情,我们都在患得患失,情绪波涛起伏。其实想想,如果得到,就尽情地去享受得到的喜悦,如果失去,就淡然处之,顺其自然。月尚且有阴晴圆缺,何况人乎?

爱琳·詹姆丝是美国倡导简单生活的专家。作为一个投资人、一个作家和一个地产投资顾问,在这些领域努力奋斗了十几年后,有一天,她坐在自己的写字桌旁,呆呆地望着写满密密麻麻的日程安排表。上午的事,下午的事,明天的事,后天的事,下周的事,下个月的事,甚至是明年的事。

突然,她意识到自己对这张令人发疯的日程表再也无法忍受下去了。自己的生活已经变得太复杂了,用这么多乱七八糟的东西来塞满自己清醒的每一分钟简直就是一种疯狂愚蠢的尝试。

就在这一刻,她做出了决定:她要开始简单的生活。她着手列出一个清单,把需要从她的生活中删除的事情都一一列出来。然后,她采取了一系列"大胆的"行动。首先,她取消了所有预约电话。其次,她停止了预定的杂志,并把堆积在桌子上的所有没有读过的杂志都清除掉。她注销了一些信用卡,以减少每个月的债务。通过改变日常生活和工作习惯,她的房间和草坪变得更加整洁。

她的整个简化清单包括80多项内容,简化后的生活也给了她更多的惊喜。沉重压抑的心灵一下子轻松起来,她终于有闲暇时间去做自己喜欢做的事情了。她的心情逐渐变得明媚,在她的眼里,一切都变得美好起来。

事实证明,当我们需求的越少,我们担心的越少,我们得到的自由快乐和幸福感就越多。正如梭罗所说："大多数豪华的生活以及许多所谓的舒适的生活，不仅不是必不可少的，反而是人类进步的障碍，对于豪华和舒适，有识之士更愿过比穷人还要简单和粗陋的生活。"

许多人在虚荣心的促使下，总是把拥有物质的多少、外表形象的好坏看得过于重要，用金钱换取一种有目共睹的优越生活，却没有察觉自己的内心在一天天枯萎，在这些优越的生活下，忧虑日益增长。

人们都说秀毓是个可怜的女人，今年才32岁，就被查出患了乳腺癌，刚刚做完切除手术后，她的丈夫就与她离了婚，还带走了只有5岁的儿子。

秀毓的世界一下子崩塌了，爱人走了，儿子也不在自己身边。秀毓整天垂头丧气，常常泪流不止，自言自语地问自己："这个世界对于我来说还有什么希望？明天的病情会不会更严重？明天的我会在哪里，冰冷的家里，还是冰冷的医院里？"

有一天，秀毓站在镜子前，看到了一张陌生的脸，面容憔悴，皮肤粗糙，眼圈发黑，眼神呆板而茫然。她当时就吓了一跳，自己原来那张年轻、漂亮的脸到哪里去了？秀毓想起大学时的自己，年轻漂亮，更是在艺术节上用歌声倾倒了无数男生。秀毓想开了，明天的事情明天再说吧。日子总是要过的，与其在痛苦中挣扎不如快乐地生活。

从此，她开始打扮自己，每天都神采奕奕地出门，工作做出了成绩，得到了领导和同事的认可。此外，她用业余时间唱歌，参加各种歌唱比赛。

她随身戴了一面小镜子，无论走到哪里，有时间她就会拿出来照一照，不是检查自己的妆容，而是对着镜子练习微笑。抛弃悲观的想法后，她的脸上再也看不到一丝生活的悲苦，她的笑声里，没有悲叹，没有牢骚，没有抱怨。

明天不可忧，也没有办法忧，因为谁也无法预知明天。为明天忧虑，就是无端地为今天的生活平添几分难处，就是无故地为今天的心情徒增几分沉重。为明天忧虑，是打击自己信心，是为自己平添思想重担，是多此一举。其实想想，一天的难处，一天担当就够了。不要让远虑成为近忧。人生路上有无数的驿站，用不着把所有的包袱都背在今天的背上。

何必为尚未到来的明天让心灵阴霾一整天呢？忧虑的小舟载不动明天的许多愁，忧虑的心灵解不开明天的千千结。所以，把明天的事交给上帝去忧虑吧。

微笑有着一种超然的力量

细心的人会发现，无论是乒乓球拍还是木质的地板家具，都会有些大大小小的木结。这些是树木成长中受过的伤，伤口愈合后留下的疤痕，这些木结就会变得比其他处的木质更坚硬。

受伤并不可怕，可怕的是好了伤疤忘了疼。伤痕不是耻辱，反而是一种骄傲。伤痕是你阅历的记录，是你宝贵的经验。受到的伤害多了，你不是被打败了，就是变得更坚强了。

人生苦短，却总会遇到挫折和逆境。这些都是正常的，我们无须怨天尤人、唉声叹气，坦然面对即可。想想那些成功的人，他们也是在逆境中挣扎过才获得了今天的成功，他们也是用汗水和泪水浇灌出来了今天的鲜花。

人生总会遇到逆境，感谢所有伤害过你的人吧，是他们让你经历苦难，是他们磨炼着、锻炼着你。伤痛会让你快速成长。

智慧的人，放得下自己；慈悲的人，放得下别人。给挫折一个微笑吧，微笑会减轻你的痛苦。长期沉迷于痛苦只能让人不能自拔，整日抱怨，痛苦只会牵制你前进的脚步。只有微笑，能让你摆脱阴影，走向辉煌。

去年六月的第二个星期三，是个黑色星期三，是丁盛终生难忘的日子。因为在当天公司进行的体检中，他被查出患上了糖尿病。

听到这个消息，丁盛差点晕倒了。丁盛一直以为糖尿病只有老年人才会患，而丁盛才刚满35岁呢，他感到无限的沮丧、失落、悲观。

医生说，现在病情不重，只要平时多注意、多锻炼，再加上药物治疗，一年后肯定有所好转。

回家后，丁盛按照医生的建议，尝试了一个多星期，却没有好转，失落、悲观的情绪再次弥漫了全身。接连好几天，丁盛放弃了吃药，放弃了锻炼。

后来丁盛在再一次检查中发现病情比想象中的恶化得更严重了，他不得不制订起详细的康复计划来。

为了摆脱病痛，丁盛每天都让自己保持一个好心情，笑对疾病。然后再从饮食开刀，改掉以前不良的饮食习惯。最后更是严格按照计划，每天坚持锻炼。

今年六月的第一个星期三，同样是让丁盛终生难忘的一天。因为这一天，丁盛终于从医生那里得到了"恢复明显，已经好转"的检查结论。

其实每个人都会遇到挫折，但是乐观的人常常给挫折一个微笑，把挫折锤炼成诗行，让生活更有诗意；把挫折化作灯盏，照耀前进的路；把生命的绊脚石转变为垫脚石，让自己更靠近阳光，更接近梦想。

在困境中，我们的抱怨和申诉，只会让生命暗淡无光。不如让微笑去代替痛苦吧，让进取和振作代替沉沦。不要因为一次挫折，而放弃美丽的一生，不要因为一次逆境而改变了通往理想的道路。

笑对挫折吧，微笑对于一切痛苦和困境，有着超然的力量，能帮助我们走过人生的暗潮，甚至能扭转乾坤，改变我们的一生。

祸福相伴，就像硬币的两面

天下没有绝对的好事，也没有绝对的坏事，任何事情的好与坏总是相对的。所以，热恋中的你往往忽略了感情的危机，但失恋往往能带给你另一段感情，越富足优越的生活越容易让人丧失上进心，让人失去斗志，而一贫如洗的日子则往往更能激发人去奋斗。当你面对所谓的坏事时，只要你认真去发掘其中的好处，换一种思维方式，换一种想法，就能化险为夷，转危为安。

从前，有一个国王，他有一个非常聪明的丞相，但无论国王问他什么事情，这个丞相总喜欢说"好"。

有一次，国王和丞相去打猎，国王不小心被刀削断了一截拇指，他连忙问丞相："我的拇指被斩断了一截，好不好？"丞相说："好！"

国王听了满腔怒火，立即命人将丞相关了起来，并问丞相："现在你被关在牢里了，好不好？"丞相还是说："好！"

过了几天，国王不想释放这个脾气倔强的丞相，只好一个人独自出去打猎了。不幸的是，国王不小心掉进了一个陷阱里。

这是当地一个食人族部落挖的陷阱。当天晚上，食人族的族人把国王绑在一个十字架上，准备美美地吃烤人肉。点火之前，一名巫师来检查他身体的每个部位。当他检查到国王残缺的手指时，这个巫师开始摇头叹息。巫师向族长报告说："这人断了一个手指头，是不祥之人，我们族人只吃完整的人。"

于是国王于不幸之中捡了一条命，被放出来的国王匆忙回到王宫，国王对丞相感慨道："现在我终于明白了你为什么说断手指是好事，它救了我一命啊。"

后来，国王又不甘心地问丞相："那为什么把你关在牢里十多天这也是好事呢？"

丞相说："如果我没被关在牢里，那我一定会随您打猎，那么我们一定会被食人族抓住，您因为断指而保全了性命，但我却必死无疑。"

国王听后茅塞顿开："原来每件事都有它的两面性，好和坏是随时可转换的。"

凡事无绝对。当我们对这句话深信不疑时，面对失去，我们悲痛欲绝的心情会减轻很多，面对拥有，我们会格外珍惜。同时还会懂得，失去不一定是坏事，因为没有永远的失去，失去仅仅意味着将有一个新的开始。不管这"开始"带给我们怎样的惊喜，我们都应该明白，祸福相伴，就像硬币的两面。

小轩在上大学的时候，最令人伤脑筋的一件事就是同寝室有个男生每天睡觉说梦话，梦话的内容常是一些请客送礼之类的客套话，这不仅让寝室里的人晚上睡不安稳，更是让晚归者心惊胆战。

一天夜里，小轩因为同乡聚会回宿舍晚了，他便轻手轻脚向床边摸去，忽听一个声音传来："回来了？"他不禁惭愧将人吵醒，便小声应了对方一声。正当他上床之时，又听到一句："坐，喝茶。"小轩一惊，回过神来才发现那位牛人又说梦话了，暗自感叹，跟这种人同住一室，实属不幸。

一个周末，小轩起床后发现整个宿舍楼都在讨论失窃之事，原来昨天晚上自己所在的楼层被小偷光顾了，唯独自己宿舍幸免。

几天后，小贼被抓，警察带他来现场调查。小轩觉得很好奇，忍不住问小偷："为何不来我们宿舍啊？"小偷一脸苦相和抱怨，原来他刚从窗户跳进来，忽听一人说："这么晚才来，等你很久了。"小偷着实吓了一跳，打开房门就逃，又听到一句："别走啊，吃了饭再走。"这小偷哪还有胆，脚底抹油一溜烟跑了。

第九章 调整好自己的心态

小轩恍然大悟，有了这个牛人的"防盗措施"，以后睡觉也更安稳了。

在日常生活中，有人会抱怨自己的专业不好，有人会抱怨学校不好，有人会抱怨家庭条件不好，也有人会抱怨工作环境差、工资不高，甚至有人会抱怨怀才不遇，英雄无用武之地。

其实他们往往只看到了生活的一个面，而且是不好的一面。然而，生活还有另一面等待你去发现：专业不好，说明专业冷门，不过这样的话找工作比较集中，不需要到处跑；学校不好，家庭条件不好，工资不高，甚至怀才不遇，这些何尝不是生活给你的磨炼呢？

天下没有绝对的好事，也没有绝对的坏事，祸福相伴，就像一个硬币的两面，每一件事情都有它的两面性。只要我们能看到生活的另一面，那么快乐就会纷沓而至，就算不小心掉进河里，何妨不这样想，今天还洗了个免费的澡。

要多看看自己拥有的

就算你的人生再悲惨，你的命运再曲折，只要你有一双捕捉美的眼睛，生活中总有那么一些事是值得你开心的。让昨日的忧伤和烦恼止步吧，你的生命中，还有更多值得你关注和欣赏的美好。也许你现在正遭受着巨大的人生挫折，也许你勤勤恳恳地工作却失业了，也许你苦心经营的爱情却换来了恋人的执意离开，也许你奋力追寻的梦想眼看就要达成了却突然破碎了。其实我们何不反过来想想，即使失业了，但我们也因此获得了下一份工作的机会，即使失恋了，但我们还有工作，即使梦想破碎了，但我们还有追求梦想的健康的体魄。

她，出生时由于医生的疏忽失误，脑部神经受伤害，以致面部和四肢肌肉都失去正常的功能，患上了脑性麻痹症。

这种病很奇怪，肢体失去平衡感，手和脚常常乱动，口里念叨着模糊不清的词语，模样很怪异。当时医生认为她活不过6岁。

在一般人看来，她已失去了语言表达能力与正常的生活能力，更别谈什么前途与幸福。但她凭着那种不向命运屈服和热爱生命的精神却坚强地活了下来，而且靠着常人无法想象的顽强的意志，考上了美国著名的加州大学，并获得了艺术博士学位。

她举办过多次画展，参加过无数次的演讲。每一次演讲，她总是以笔代嘴，以写代讲，人们亲昵地称她为"写讲家"。

在一次讲演会上，一位学生贸然地提问："博士你好，请问你从小就长成这个样子，你认为老天不公吗？请问你怎么看你自己？你有过怨恨吗？"在场所有的人都暗暗责怪这个学生的不敬，对于一个有残疾的人来说，这样的问题显得过于尖酸和刻薄，但她却没有半点不高兴，对着提问的学生和所有的人，微微一笑，十分坦然地在黑板上写下了这么几行字：

一、我好可爱；

二、我的腿很长很美；

三、爸爸妈妈那么爱我；

四、我会画画，我会写稿；

五、我有一只可爱的猫；

六、还有很多的生活方式让我热爱

……

最后，她以一句话作结论：我只看我所有的，不看我所没有的。在她书写的时候，整个会场鸦雀无声。等她写完了面朝大家微笑时，人们向这位不向命运屈服又乐观的女士报以雷鸣般的掌声。这位女士就是黄美廉。

要想让人生变得有价值，你就必须要经受住磨难的考验；要想使自己活得更快乐，你就必须要接受和肯定自己。其实，在这个世界上，每个人都有着不同的缺陷或不如意的事情，并非只有你是不幸的，关键是你如何看待和对待不幸。无须抱怨命运的不济，不要只看自己没有的，而要多看看自己所拥有的，不要再去执着于那些令我们悲伤的东西，生活中总有一些事情是值得我们高兴的，其实我们很富有，其实我们不缺少快乐。

把吹口哨的心情找回来

还记得小时候吗，我们撮起两片薄薄的嘴唇，吹出鸟儿啾啭般的声音，还可以像模像样地吹些当时流行的歌曲。我们吹着口哨上学，吹着口哨回家，吹着口哨干活，吹着口哨玩耍。

那么，你还记得上次吹口哨是什么时候吗？蓦然回首，那一切曾经的快乐都悄然远去。我们对很多东西失去了兴趣，我们的感觉已变得麻木不仁，我们的脸上不再写满孩童时的直率天真，我们常常感叹生活好累。社会的竞争，生活的重负，让我们再也没有了吹口哨的心情。

其实一个人应该懂得如何让自己快乐起来。用心地去寻找年少时你吹口哨的那份心情吧，生活会在吹口哨的一刹那变得绚丽多彩。细细观察和体味生活，从一点一滴中发现快乐，你的生活也会变得轻松。其实所有的快乐从未离远。

古希腊神话中，有一个叫西西弗斯的神，他因为没有兑现自己曾经对冥王许下的诺言，因而被罚做苦役。诸神处罚西西弗斯不停地把一块巨石推上山顶，而石头却因为自身的重量又滚下山去，诸神认为再也没有比进行这种无效无望的劳动更为严厉的惩罚了。

宙斯和他的诸神想象西西弗斯在烈日下反复推着那块巨石，不能解脱，一定会悲观沮丧。有一天，宙斯派雅典娜去探望受奴役中的西西弗斯。

雅典娜来到山下，看见西西弗斯赤着双脚，暴热的阳光晒伤了他的肩膀，但令女神惊讶的是，西西弗斯没有她想象中的那样垂头丧气，而是迈着轻盈的脚步，一脸的无忧无虑，一路上更是吹着口哨。

雅典娜不禁问："你不感到痛苦、难过吗？"

西西弗斯回答："当然难过啦，但是你看，生活中总有一些值得高兴的事情。"

说完他举起一只手对雅典娜喊道，"你看我逮到了什么？"只见西西弗斯像魔术师一样，手中缓缓飞出来一只漂亮的蝴蝶。

是的，生活总有些事情是值得高兴的，只要你努力去寻找，就会发现，快乐就在我们身边，就像西西弗斯手里的那只蝴蝶。什么叫乐观派？就像一只茶壶，即使屁股被烧得红通通，也还有心情吹口哨。

艾默生在《把吹口哨的心情找回》一书中说，那种在街上看到迈着轻快的步子吹着口哨的快乐简单日子再也找不到了。是啊，不知是我们对生活的要求太高，还是因为我们的心包裹了太厚的盔甲，我们再也察觉不到四季色彩的变化，再也感受不到生活的快乐。现在人们因为工作的繁忙、生活的压力而渐渐地忘了那悦耳的口哨，不如调节自己、放松自己，找回那吹口哨的心情吧。幸福，原来可以如此简单。

张莜玫是一个聪明漂亮的女孩，在一家有前景的动漫公司工作。经过三年的努力马上做到部门经理了，可是因为同事对她的嫉妒，天天在老板面前说她的不是，让张莜玫处于水深火热之中，于是上午她写好了辞职信放在了自己的办公桌上，打算下午向老板提交辞职信。

现在的张莜玫在一个公园里，公园的景色很美，可是莜玫却没心情欣赏。她愣愣地走到一个长椅前，坐下，呆呆地看着湖里的游船，游人的嬉闹也不能引起她的任何注意。

这时，张莜玫听到了一个小孩儿的声音，她回头一看，原来是一个小男孩站在那里，眼睛一直看着她，还捂着嘴笑。她有点疑惑，便问："小弟弟，你笑什么？"

小男孩说："姐姐，这个长椅可是刚刚漆过哟，我想看看你站起来后后背的样子。"

张莜玫心里一怔：公司里的那群人，何尝不像这个小男孩，就是想看我狼狈的样子。

于是，她对小男孩说："你看那边有人叫你。"她趁小男孩回头，迅速地脱掉了那件被漆蹭脏的外衣，露出漂亮干净的毛衫。当小男孩回过头来看张莜玫时，露出很失望的表情，很快离开了。

下午，张莜玫回到公司，脸上挂着灿烂的笑容。张莜玫笑着跟每一个人打招呼，笑着收拾起办公桌上的辞职信，把它扔进了垃圾桶，并且在下班回家的时候，一向很内向的她，对着曾经诽谤过她的同事吹了一个响亮的口哨。

不要让别人的打击成为你退缩的理由，以吹口哨的心情给他们一个响亮的回击吧。其实想要快乐很容易，只要凡事换个角度想，那么你也能吹上一声响亮的口哨。吹口哨是一分惬意，是一种悠闲，是快乐的表达方式，是快乐的传达和宣扬。

找回吹口哨的心情吧，这样，你的心情也会因为吹口哨好起来。你寻找什么，便会发现什么；你期望快乐，便会找到快乐。用心地去寻找那份属于你的吹口哨的心情吧。吹着口哨的人生，是潇洒快乐的人生。

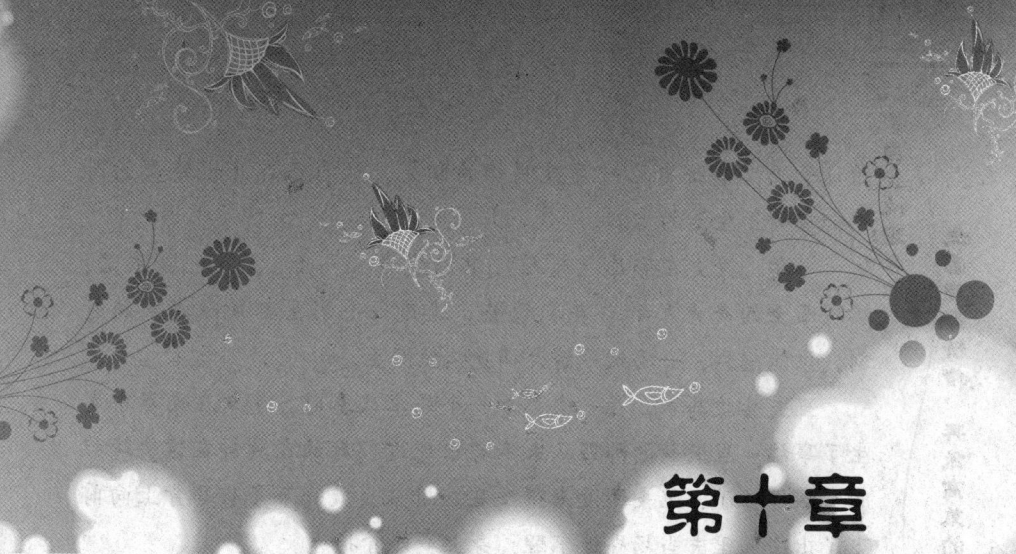

第十章
学着接受不能改变的现状

世界是不公平的,你要学会适应它

微软的创始人、后来连续13年蝉联世界首富的比尔·盖茨对美国的中学生有一句忠告:世界是不公平的,你要学会适应它。

这句话其实并不深奥,却赤裸裸地揭露了这个残酷的现实社会。在这个世界里,哪里都有不公平,既然不能改变它,我们所能做的只能是接受它、适应它。越能更早地适应现实的不公平,我们就越能用平和的态度去思考,用积极的态度去工作,把抱怨变成干劲,把消极抵抗变成主动出击。如此,也就更能创造出一片海阔天空。

美国著名演员克里斯托弗·里夫在自传里,记下了小儿子的一句话:"爸爸还能笑呢。"里夫感谢儿子在自己生命最灰暗、最阴郁的日子里，带给自己一片最明媚的阳光，让自己在几近绝望的时候，重树了生活的信心。

当年，里夫在影片《超人》中扮演超人一角，后来一夜成名，接踵而至的是无尽的鲜花和荣誉。这是每个影星都梦寐以求的时刻，谁能想到，一场致命的大祸竟悄然而至。

里夫喜欢马术，在一次参加一个马术比赛时，不幸在比赛中发生了事故。里夫骑的那匹从来不曾出现过问题的良驹却在这次跨栏时突然停住了，里夫还没来得及反应过来，就一下子从马背上向前飞了出去。里夫当场昏迷不醒，身上多处骨折。

当里夫在病房里醒来时，就听见医生对妻子说，他们不能保证里夫能活着离开手术室，因为过几天，医生要为里夫的颅骨和颈椎动手术。

里夫无意间听到医生的话开始万念俱灰，觉得现在活着真是痛不欲生，好几次他甚至想到了轻生。随着手术日期一天天临近，里夫内心越来越脆弱。

一天，里夫三岁的儿子来病房看里夫，突然他兴奋地对妈妈说："妈妈，妈妈，你看，爸爸还能笑呢。"而妻子听到儿子说这样的话，也感动得流下了眼泪。"爸爸还能笑呢。"儿子的这一句提醒，让里夫看到了生命的曙光，重新有了活下去的勇气和希望。几天以后的手术很成功，尽管里夫下身瘫痪了，但他克服了剧烈的疼痛，克服了内心的障碍，顽强地活了下来。

后来，里夫亲自导演了一部影片，还设立了里夫基金，为医疗保险事业做出了贡献，成为生活中真正的"超人"。

不管天灾人祸，还是社会上诸多的不公，我们都不要再去抱怨、指责、追悔，我们都应该学习里夫的小儿子，在艰难困阻中，看见希望，看见阳光。要记得，我们即使失去了所有，也要学着接受，学会适应，何况我们还有微笑。

所谓的公平，都是相对而言的，在这个世界上没有绝对的公平。付出并不一定会有回报，但你想要得到回报必须先得付出。努力不一定会成功，但不努力绝对不会成功。

李嘉诚是长江实业集团有限公司董事局主席，是当今社会最具盛名的人物之一。他成功的事例时刻激励着当代的年轻人。

可是20世纪20年代李嘉诚出生的时候，命运之神并没有特别眷顾他。在李嘉诚三四岁的时候，家道开始中落，祸不单行，到了李嘉诚十六七岁的时候，父亲得了重病，不久就过世了。命运是不公平的，身边的同学们还可以无忧无虑地继续求学，而当时刚上几个月中学的李嘉诚却不得不辍学了。那是一个兵荒马乱的年代，为了减轻母亲的负担，为了更好地照顾弟妹，李嘉诚走上了社会开始谋生。

李嘉诚先后在茶楼跑过堂，当过钟表店员、五金厂的推销员，在塑料花厂上过班。后来，李嘉诚终于通过自己的努力，抓住了机遇，创办了自己的"长江塑胶厂"，从此走上了一条通往成功的道路。

我们既然了解了这个世界是不公平的，自然就应该减少我们内心的失衡和愤世嫉俗，更不要怨气冲天。我们应该更加坦然地直面人生的种种逆境和挫折，以更加平和积极的心态，学会适应，笑对人生的失与得。

了解世界是不公平的，这并不能让我们放弃对梦想的追求，对理想的执着。我们应该去除浮躁，踏实做事，认真做人，从而让我们的生命更加富有韧性，这样便不会被轻易击垮。

学会接受自己的不完美

　　世界上没有一片完美的树叶，也没有一朵完美的玫瑰，同样，这个世界上没有一个完美的人。有的人总是抱怨自己长得太矮；有的人为自己天生没有一副姣好的容颜而惋惜；有的人埋怨身边没有拔刀相助的朋友；有的人为自己出生在贫寒的家庭而叹息；有的人怨恨自己曾经犯过低级可笑的错误；有的人还在为一年前的小小失误而捶胸顿足……每一个生命呈现的状态都是千姿百态的。

　　生活中有太多的遗憾和太多的不如意。我们应该接受不完美的自己，因为这就是自己，永远无法改变。

　　在美国一个演播厅里曾经有过这样一次演讲，给人们留下了深刻的印象，直到今天还让人们记忆犹新。

　　演讲开始了，在热烈的掌声中，当时一位著名的演说家手举一张崭新的钞票走来，他站在讲台上，用手使劲抖了抖，钞票发出咔嚓咔嚓的声音。他对演播厅里的人说："我手上有一张100美元的钞票，有人要吗？"全场几乎所有的手都举了起来。

　　他接着说："我打算把这100美元送给你们中的一位，但在这之前，请准许我做一件事。"他把钞票揉成一团，然后问："这样皱巴巴的钞票谁还要？"仍有大部分人举起手来。

　　突然，演说家把钞票扔到地上，又踏上一只脚，并且用脚使劲碾它。最后他拾起那张钞票，这时钞票已变得又脏又皱甚至是有点残破了。演说家继续问："现在谁还要这张钞票？要的话我就送给你。"等他说完后，场上仍旧有人举起手来。

　　在人生的道路上，我们就像演说家手中的钞票一样，被揉被碾被践踏，也许我们的起点比别人低，也许我们经历了无数次失败与挫折，但是我们应该相信，我们的生命和这一张100美元一样，即使不完美，也永远不会丧失价值。我们的生命是无价之宝，我们的经历谁也无法代替。

法国一位作家曾经说过："我能坚持我的不完美，因为它是我生命的本质。"是的，我们生命的本质是不完美的，命运不是游戏，没有规则可循，完美不可能存在。倘若我们的生命完美无缺，无懈可击，那么我们也就失去了创造力和奋斗精神，在那个已经足够完美的世界里，我们的智慧和能力将变得一文不值，毫无用武之地，那么我们存在或者活着的意义又是什么呢？

小曼从小就非常喜欢跳舞，爵士舞、街舞、拉丁舞、民族舞、芭蕾舞等都跳得非常好，她常常得到老师的夸奖、同学的羡慕。

工作以后又学过两年肚皮舞，在学业有成之后的几个月后，小曼又把注意力转到了机械舞上。于是她报了机械舞蹈班，培训了一段时间后，她对机械舞的兴趣越来越浓厚，不光学习跳舞，还经常看表演，几乎到了废寝忘食的地步。她越是喜欢机械舞，就越想跳好它，开始几个月每天都很有成就感。

不过近来，每次上完课后，小曼都很烦躁，因为她发现自己的进步开始变得很慢，很久都没有突破了。这样的情况更是激发了她的热情，她几乎把所有的精力都花在跳舞上，对家人开始冷淡，对工作也没有激情了，吃不好睡不好，身体状况急剧下降，可是舞蹈水平还是停留在某个阶段，已经到了瓶颈期。

小曼以一个初学者的身份，总是按照高标准来要求自己，当然会觉得自己跳得不好。其实，以一个行内人的眼光来看，她的进步已经很大了，连舞蹈老师都对她赞叹不已。可是太追求完美的小曼直到今天心中还是耿耿于所谓的进步不大的舞蹈。

学习一件新事物本来就是一个循序渐进的过程，万不能急功近利。做事也好，做人也罢，都不能太苛求自己，不要和自己太较劲，做的时候尽自己最大的努力，不要试图超越自身所在的能力范围。假如自己有超水平发挥，完全可以把它当作生命送给自己的一个惊喜。如此这般，做事的时候我们才不会被自己的心情束缚，我们的事情也会做得更漂亮。生活得从从容容、踏踏实实、轻轻松松才是真。

尽管我们的生命不可能完美，但我们的生命可以接近完美。对于美好的生命，我们应该充满期待、惊喜和感激。感谢我们的不完美，让我们的生命更加精彩。

总是追求完美，会让我们很痛苦

人们总是在追求完美，完美的学业，完美的工作，完美的事业，完美的爱人，完美的人生。我们的学业最好是门门优秀的，我们的工作最好是顺顺利利的，我们的爱情最好是海枯石烂的，我们的人生最好是毫无遗憾的。人这一生，总是欲壑难填，每当我们的愿望和客观事实背离的时候，梦想和现实之间存在的强烈反差就会让我们很痛苦。

我们总是希望拿起笔为自己画上一个完美的句号，我们总是在追求万无一失、一帆风顺。似乎人一出生，就是在画一个圆，我们希望这平滑的曲线没有弯折、没有缺口，完成这个完美的圆和完美的人生。可是这世界还存在那么多的形状，长方形、正方形、椭圆形、三角形，还有多边形。其实，何必呢，别让完美毁了你，有时候差不多就行了。

一位英俊帅气的先生，事业有成，却怎么也找不到人生的另一半，于是来到一所婚姻介绍所。

进入大门后，迎面见到有两扇门。一扇门上写着：漂亮的；另一扇门上写着：不太漂亮的。此君推开"漂亮的"门。

迎面又见到两扇门。一扇门上写着：年轻的；另一扇门上写着：不太年轻的。他推开"年轻的"门。

迎面又见到两扇门。一扇门上写着：善良温柔的；另一扇门上写着：不太善良温柔的。他推开"善良温柔的"门。

又见到两扇门。一扇门上写着：有钱的；另一扇门上写着：不太有钱的。他推开了"有钱的"门……就这样一路走下去，他先后推开过漂亮的、年轻的、善良温柔的、有钱的、忠诚的、勤劳的、文化程度高的、健康的、具有幽默感的九道门。

但令他惊讶的是，当他来到最后一道门时，只见门上写着一行字：您追求的过于完美了，这里已经没有再完美的了，请您到大街上找吧。原来他已经走到了婚介所的出口。

人人都在追求完美人生，尽管这样的奋斗目标遥不可及，这样的追求无法实现，但是我们仍然在不惜一切代价追寻。其实残缺未尝不是一种美，是的，没有雨的天空是寂寞的，没有失败的人生是不堪一击的。因为雨后才会出现彩虹，失败是成功的铺垫。

残缺的维纳斯是美，断章的《红楼梦》也是美。人生无法完美，也不需要完美，留个缺口，把平淡的幸福留下来。如果人生没有缺憾，是否就失去了省悟的机会呢？困境和挫折，会给我们带来重生之感。不圆满的人生让我们懂得谦卑，更加珍惜现在的所有。

张智泽和阿文是好哥们儿、好同学，后来毕业后又一起进了同一家公司工作。大学时，他俩从不把规矩当回事，经常一起迟到、一起逃课。上班后，张智泽变得小心谨慎起来，因为他深知职场如战场，小错误耽误大前程，他各个方面都力求完美。而令张智泽担心的是阿文却有点懒散，虽然工作很扎实，但偶尔迟到，偶尔上班时间接私人电话。张智泽说过好几次阿文，阿文却当作耳边风。

公司最近要开拓新的市场，准备抽调人员赴外地组建分部，张智泽和阿文很有可能被派去外地，张智泽更加重视起自己的言行来。但阿文一如既往地工作，偶尔还是那么粗心犯点小错误。有时张智泽真羡慕阿文不把工作当回事，多轻松自在啊！

半年很快到了，公司人事部长分别找张智泽和阿文谈话。部长这样评价张智泽：做事稳重扎实，策划方案也做得不错。听着这样的话，张智泽特受用，看来自己付出的辛苦是值得的，得到了领导的肯定。

公司决定下来了，领导让张智泽依然在公司本部工作，而让阿文带着几个新来的人员去外地组建分部。

后来人事部长告诉张智泽说，阿文的偶然错误恰恰与张智泽的过分稳重形成了对比，偶然发生错误说明了心态平和，对工作得心应手，具有可塑造性，易形成独特的领导风格，而张智泽的老成不仅少了青春活力，而且这成熟是刻意追求的，有疲于应付的意思，这既对个人工作不利，也对公司发展不好。

法国诗人博纳富瓦说："生活中无完美，也不需要完美。"是的，我们只有在鲜花凋谢的缺憾里，才会倍加珍惜花朵盛开时的美丽。只有在泥泞的路上，才能留下我们坎坷的足迹。也只有经历了人生的苦短愁绪，我们才会更加热情地拥抱生命。

事事追求完美是一件痛苦不堪的事请，就如毒害心灵的药饵，不仅带给我们痛楚，更让我们上瘾。世界上没有完美的人和事，缺陷其实是一种"相对完美"，如同月亮的残缺，可以令人们保留一份希望和期待。而追求绝对完美的人认为任何事情一旦不完美便毫无价值可言，生活中的种种缺陷只会令他们苦恼不已。

不要苛求完美，学会欣赏生活的缺陷美，生活便会变得快乐起来。

努力不一定就会得到

在生命的长河中,我们常常会遇到一些无可奈何又无可挽回的事情,就像你曾经跋涉过的河水,流去了,就再也逆流不回来。现实生活中,所有的事情也并不是努力了就会成功。很多时候,面对残酷的现实和不可更改的宿命,我们常常感到自己的渺小和无能为力。米兰·昆德拉说过,人生永远没有机会给我们去修改、去完善、去从头再来。

既然历史不可更改,就不必炫耀或遮掩;既然感情不能勉强,就不必"非你不可";既然遗忘不可避免,就不必感叹未老先衰;既然时间不能停留,就不必伤春悲秋,故作病态;既然死亡总会来临,就不必自寻短见。我们更应该把握现在。

面对不可改变的现实,就不要为难自己了,眼光放长远一点,心放宽一点,不要给自己设置不可逾越的心理障碍。如果心境平和了,那就什么都好了。我们不求事事如意,但求问心无愧。

我们曾经是那样的努力,努力地让自己变得坚强,这样就可以不惧命运的挑衅,可以对抗残酷的现实。结果却还是落得个头破血流,才知道并不是努力了就什么都可以得到。于是,我们知道了在努力之时要顺其自然。

有时候,并不是命运之神不青睐你,并不是你的付出得不到回报,冷静下来,想一想,有时候,其实你从一开始就错了,只是不自知。所以,所有盲目的努力到最后都只能是徒劳无功的。那么我们为何不悬崖勒马,重新找一条康庄之路?记住,在努力之前,我们要看看自己是否走在正确的道路上。

刘静是学校舞蹈社的社长,也是班里的文艺委员。

再过两个半月就是学校一年一度的艺术节了，每个班级都要表演一个节目，同时参加评比。刘静在班里临时组了一个舞蹈队，由刘静一个人自编自导一支舞蹈。届时，艺术节会有很多市里的领导过来观看，还有电视台的记者也要过来录制节目。刘静在心里暗暗告诉自己，自己的舞蹈一定要在艺术节开幕式上勇摘桂冠。

在接下来的两个月里，刘静带着舞蹈队的同学，每天课后都去舞蹈房训练，如果舞蹈房被其他人先占领了，就会在教室里、走廊上、寝室的天台上演练。刘静做好了非第一名不要的准备。

艺术节终于来临了，舞蹈也成功地演出了，刘静领着队员们在观众的掌声中走下了台，可是令人没有想到的是，在最后主持人读出获奖名单的时候，却没有她们的节目。

刘静失望极了，内心大受打击，接下来的节目也不看了，直接含泪奔回宿舍。

我努力了，为什么没有成功？我付出了，为什么没有回报？花心思、花精力努力去做的事情，却换来了失败，你是否失望？是否后悔？是否悲伤？其实刘静可以想想，可能她们排练节目并不是最积极努力的，也可能她们的节目并不是最精彩的，其他的节目可能更精彩。再想想，一台节目那么多，而获奖的只有三个，无论怎么样，总有节目会落榜，这样愤愤不平又何必呢？

我们都应该有一个"只求耕耘，不问回报"的心态。过程远比结果重要，在过程中你学会了新的技能，总结了经验和教训，这些远比最后的结果更具价值和意义，尽管努力不一定就会得到，但无形中的收获并不是没有价值和意义的。

手中就算是坏牌，也能赢得漂亮

生活中，就算对我们不利的因素有很多，我们依然能赢得漂亮。逆境求之不得，它正是磨砺我们的绝佳时机。

美国第32任总统艾森豪威尔，当他还是个孩子的时候，一次和人玩牌，由于运气不佳，他连续好几次都发到很糟糕的牌，不免情绪低落，甚至想退出牌局。他的母亲看见了就说了一句语重心长的话："你必须用你手中的牌继续玩下去。人生也是如此，发牌的是上帝，你不能选择牌的好坏，但你可以改变出牌的方式，竭尽全力，让手中的牌发挥出最大的威力。"

古代齐国也有一个关于利用手中的坏牌却打败好牌的故事，叫作"田忌赛马"。齐威王三个等级的马，每一个等级的马都比田忌的马强许多，所以几次比赛下来，田忌都以失败告终。但是孙膑帮助田忌，用下等马对齐威王的上等马，结果田忌输了。拿上等马对中等马，田忌获胜一局。用中等马对齐威王的下等马，田忌又战胜一局。比赛三局两胜，田忌反败为胜。用同样的马匹，调换比赛的出场顺序，就可以得到出奇制胜的结果。

日本洛腾口香糖公司迎来了发展的瓶颈期，这段时期出现了销售不畅、资金周转不灵等问题。一次，法国著名影星阿兰·德隆将要来日本，这个消息引起了日本洛腾口香糖公司上层领导的密切关注。

日本洛腾口香糖公司随后派人四处活动，无论如何都要邀请阿兰·德隆来工厂参观，并利用这一个机会为公司打响广告。

这一天，日本洛腾口香糖公司张灯结彩，公司所有的上层领导带领着全部员工站在门口列队欢迎大影星阿兰·德隆。在此过程中，公司聘用的录像师不离阿兰·德隆左右，把参观的全过程都拍摄录制下来。

阿兰·德隆在参观包装车间的时候，公司的一个经理给大影星递上了一块他们生产的口香糖，而阿兰·德龙也出于礼貌，随口说了一句客套话："真好吃，没想能在日本吃到这么棒的口香糖。"

从那天，日本的电视上就天天重复播出一则很惹人注意的广告：阿兰·德隆在日本面带笑容地尝一块"洛腾口香糖"。

很快日本成千上万阿兰·德隆的粉丝都争先恐后地购买洛腾口香糖，日本洛腾口香糖公司的库存也一扫而光，该公司迎来了事业的巅峰期。

命运，命在你出生的时候就决定了，一生难以改变；运则是后天铸造，我们可以通过各种手段加以改变。可能我们有一个不为外人道的出身，可能我们有一个贫瘠的童年，可能我们遭受了巨大的损失，甚至可能我们会有残缺的身体……这些就是我们手中拿到的坏牌。可是，究竟怎样来玩这一局牌，主动权仍旧掌握在我们自己手里。

努力不一定成功，放弃却一定失败，人生就仿佛一场牌局，牌不在于好坏，而在于你想不想赢。不能改变手中的牌，就改变出牌的方式。深思熟虑，让坏牌变成好牌，你就总会有一张拿得出手的好牌。

吴军是一个刚毕业的大学生，一个人在外面租着一间小得可怜的房子。有一次下班回家，昏暗的街上静悄悄的，连一个人影都没有。他摸了摸大衣口袋里公司刚发的两千元工资，心里咯噔一下。快过年了，这个小区现在特别不安全，最近常常听说入室盗窃案和拦路抢劫案。一般人们现在晚上都不敢出门。

觉得有点不太对劲，吴军警惕地观察了一下四周，果然发现离自己身后几米远的地方，有个黑衣人紧紧尾随着他。吴军慢黑衣人也慢，吴军小跑几步黑衣人也跟着小跑，他怎么也甩不掉这个令人恐惧的"尾巴"。

突然，吴军急中生智，把自己的头发弄得乱乱的，拿出书包里公司带饭用的饭盒，转过头朝黑衣人迎面走去，拉住了黑衣人的衣服，并用凄惨的声音对他说："大哥你发发慈悲吧，给我几块钱吧，我两天没吃饭了。"

黑衣人上下打量了他一番，只见他面黄肌瘦，见他不像是可以捞到油水的人，就说了句"倒霉"，很快走进路旁的黑暗中。

手中就算是坏牌，也能赢得漂亮。当问题出现、麻烦来临的时候，就如我们手中得到了一堆糟糕的牌，这时我们何不换一种思维方法，换一种行事作风，进而让自己置之死地而后生，反败为胜，打赢这场背水一战的牌局。

坦然面对苍老

这个世界再怎么不公平，但是时间是公平的，我们每一个人都会在时间的流逝中，增加年岁，衰老了容颜。在年龄面前，人是无能为力的。孩童时，我们期待快点成长，当我们老去，我们期待留住时间的脚步，重回我们的青春年代。可是年龄不会因为孩子的企盼而瞬间成长，也不会因为青年人的流连忘返而停住前进的脚步，更不会因为老人的喟叹而逆流。

除了童话中的彼得·潘，没有一个小孩不会不长大；除了神话中的太上老君，没有一个人可以长生不老。世界万物，都有从诞生、蓬勃发展到逐渐消逝的必然过程。人的年龄也是一样的，人会随着时间而逐步长大，年龄也随之逐年增长。

20世纪80年代，一个年轻人唱着"你就像那冬天里的一把火，熊熊火焰温暖了我的心窝"红遍了大江南北，全国男女老少都为他而疯狂，成为他的铁杆粉丝。这个人就是跨越了整整几代人音乐记忆的歌坛天王——费翔。费翔是中美混血，模样俊朗，气质优雅，从美国斯坦福大学戏剧专业毕业后，走上了歌手道路。那一年，他用一首《冬天里的一把火》征服了所有的歌迷，央视晚会以后，一夜成名。

而后费翔又走南闯北，在十几个城市举办了六七十场演唱会，而且场场爆满。

"任时光匆匆流去，我只在乎你"，如今当年风靡全国的费翔也五十多岁了，在屏幕上我们可以看见，岁月的皱纹悄然爬上了他的脸庞，他的身材也明显发福了，完全看不出他曾经是全国人民的"大众情人"。

有一次当记者问年龄问题时，费翔直言："我清楚自己的变化和成长，现在的我正在从中年步入老年。可我对自己的年龄没感到一点儿不自在，过去的经历和积累成就了今天的自信，我很享受当下，我还能唱歌。"

记者继续追问："那您介意别人叫您叔叔吗？"

费翔哈哈大笑："为什么要介意呢，和我一起合作的演员都是二十几岁，他们都叫我费叔叔。而且我让他们这样叫我。"

费翔幽默地继续说道："叫我老费大哥、费叔叔都行。我觉得，五十岁的男人更是魅力无穷。"

每个人都害怕变老，因为老去意味着热情的减退、韶华的消逝和死亡的来临。当苍老逼近我们的时候，我们开始变得惊慌失措。我们开始申诉岁月的无情，拼命地想掩盖时间和岁月在我们身上留下的痕迹，我们想拉平皱纹，我们染黑白发，甚至可笑地去寻找长生不老的灵丹妙药。

很多明星、演员都担心年华老去，特别是如花的女演员，最怕红颜的老去，"一朝春尽红颜老，花落人亡两不知"。在网上，我们也常常听见她们去整容的消息。何不像费翔一样呢，坦然面对自己的老去，即使你用现在的科技和医疗恢复了你美丽光滑的容颜，可也掩盖不了老去的事实。

张艾是一名30岁的年轻妈妈，家庭幸福，有一个两周岁的儿子，现在在一家公司做文员。可是今天来公司上班的时候，她的脸色极差。

原来张女士昨晚做了一个奇怪的梦，她梦见自己在吃饭，吃着吃着，突然变成了一个老太太，梦中张艾去照镜子，发现自己皱纹满面，头发花白，双眼浑浊，嘴巴干瘪，树皮一样的双手颤抖地抚摸着惊恐的脸。她哭了，在梦中甚至想到了死，张艾无法面对这个奇丑无比的自己，内心极其恐惧。

张艾早上发现自己哭醒了。她起床后的第一件事情就是看看镜中的自己，还好，还是年轻的模样。可是罗女士的心开始惴惴不安，她不能有激情地工作，不能开心地生活，甚至不敢吃饭。

一周后，张艾去了当地一家很有名的私人心理诊所。医生听了她的讲述，带她去了楼上的佛堂，让她看看佛前的油灯，并让她在佛堂中静坐一下午。

傍晚医生来了，问张艾："你看油灯怎么样了？"

张艾说："快熄灭了。"

于是医生指着油灯说："曾经当油要烧光时，我总倒进太多油，却没有发现灯芯却也烧得只剩半截了，火焰变得更弱了。几次后，我才明白了，要让灯芯发出最亮的光，一定要在灯台注满油，等待着让灯芯烧完。等到油尽灯枯时，再重新添加新油，换新灯芯。"

张艾是个聪明人，明白了医生的话后，她不再害怕衰老。一个生命渐渐老去，另一个新生命也即将诞生，所以老并不是终结，它意味着年轻的生命正在繁衍，这个年轻的生命就是她的儿子。

尽管有时候，同样的年纪，有的人比实际年龄苍老许多，而有的人却显得年轻。时间流逝，我们无法抗拒年龄的增长；容颜的衰老，却可以拒绝心灵的衰老。保持一颗永不衰老的心，比苦苦追回年轻的容颜要容易，也更明智。

年轻是我们最美好的年岁。但在人的生命中，每一阶段都有各自的美丽。坦然面对苍老，让将残的油灯残去吧，任将萎的花朵枯萎吧，只要我们保持年轻的心，我们老而不衰，就可以坦然接受一切。

让过去都化作美好的回忆

有人说过这样一句话："世界上最快而又最慢、最长而又最短、最平凡而又最珍贵、最容易被人忽视而又最令人后悔的就是时间。"

时光犹如滑过指缝的流沙，过去的时光该如何追溯？逝去的年华该如何挽留？我们舍不得无忧无虑的童年，我们忘不了年少时候的初恋，我们忘不了曾经的快乐，我们忘不了曾经的甜蜜，可是在时间的长河面前，一切的追回都是徒劳，一切的言语都苍白无力。

早在两千多年之前，孔子就感叹过："逝者如斯夫，不舍昼夜。"四季更迭，岁月轮回，这是大自然亘古不变的规律。因为眷恋过去的美好，我们常常伤春悲秋，感时花溅泪，恨别鸟惊心。似乎我们对着所有的东西都可以追忆往事，思念旧人。

我们早已经过了"为赋新词强说愁"的年纪，也送走了数不清的"秋风秋雨愁煞人"的时节，踏入社会的我们不要这么敏感，对四季的更迭和时光的流逝，我们不应再有强烈的反应，也不该再去伤春悲秋。

在学校里小宁是一个乖巧的孩子,甚至有些过于敏感。同学之间随意的玩笑都可以把她气哭,更不用说今天被老师批评了,这让小宁不知所措,第二天竟然不敢去学校了。这怎么能是一个初中女生做出来的事情呢?小宁的父母对此担心极了,怕孩子内心太脆弱了,以后长大踏入社会,必将遇到更多的困难和挫折,长此以往,小宁可怎么办啊?

小宁从小就是一个害羞又胆小的孩子,不善言谈,不喜欢和伙伴们一起玩耍。上小学的时候春天到了,小朋友都很开心地去寻找春天,而小宁则担心起随风而逝的花朵和即将到来的酷暑了。虽然被同伴们嘲笑为林黛玉,悲春伤秋,自怜自艾,可是父母知道就算是林黛玉也比自己家的小宁坚强点啊!

于是父母开始读一些心理学的书,想帮助小宁走出这心灵的沼泽地。

一天早上,妈妈给小宁煎了两个荷包蛋,小宁发现其中一个焦了,就有点不高兴。爸爸走过来安慰道:"你看,另外一个不是好好的吗?"

下午,父母带小宁去郊游,天气明媚,小宁玩得很开心。可是天突然下雨了,爸爸从包里神奇地变出三把伞来。

小宁躲在伞下,嘟哝着:"真倒霉,早知道下雨就不出来了。"

妈妈说:"也幸亏你爸爸带伞了,我们是不是很幸运啊?这是夏天的暴雨,雨过才会有彩虹。"

我们拥有的时间有三种步伐:过去永远静立不动;现在像箭一样飞逝;未来姗姗来迟。所以不要为四季更迭而叹息了,我们更需要把握的是现在正在匆匆溜走的时光。

那些美丽的场景,那些温馨的记忆,那些相思的甜蜜,那些年少时的青涩,都随风飘去,无踪无影。时光流逝,不复存在,不可逆回,那么就让那些逝去的日子都化作美好的回忆吧!生命是一场马不停蹄的旅程，你没有时间去为过去而悲伤，你没有时间为失去的而哀叹。

顺其自然就好

俗话说，"强扭的瓜不甜"。这瓜不是不甜，只是时机未到，顺其自然，等到时机成熟，瓜自然而然就甜了。然而，很多事情，有时候并不是强求就能够得到，并不是努力就什么都可以。在生活中，我们常常遇见一些无可奈何的事情，一盆泼向你的冷水，一场突然而至的暴雨，一个离你远去的人，一段渐渐消逝的时光，甚至是一场让人崩溃的天灾人祸。对于这些已然成为事实的事情，我们措手不及，但不得不接受。

在日常生活中，有些事情不会因你的担心害怕而不发生，有些事情也不因为你的期待祈求而降临，凡事有生就有灭，顺其自然就好。顺其自然可以让人远离担心害怕，抛去杂念烦恼，可以让人心灵安宁。

最让人担心的事情还是发生了，张小美曾经无数遍想象过的事情，就这样在自己的措手不及中发生了。

最伤害你的，莫过于你的爱人和好友了。一个是自己相恋五年的男友，一个是自己从小到大的闺中密友。男友抛弃了自己，女友背叛了自己，张小美发现，自己不仅失去了爱情，还失去了友情。

小美不能接受现实，人一下子就消瘦起来，天天神情恍惚。她想起自己和男友的种种美好。曾经花前月下，郎情妾意，难道所有的山盟海誓，他都不记得了吗？难道所有美好的回忆，他都忘记了吗？说过一起白头偕老的诺言，难道真的就只是随便说说吗？

而且，男友喜欢上的还是自己最好的朋友；而背信弃义的朋友,竟然答应和他在一起了。这置小美于何地呀?

小美想挽回与密友的友谊,更想挽回与男友的爱情。小美去男友的公司找他,男友却没有见她,看来,一切似乎都已成定局,无法挽回。

世事不能强求,感情的事情更不能勉强。当他不再爱你的时候,请选择放弃吧。是的,爱上一个不爱自己的人很累,可是你是否想过,被一个自己不爱的人爱上也很累,这时候,你的爱是一种负担和压力,是一种束缚和羁绊。即使再勉强相守,苦心经营,这样的爱也逃离不了枯竭的困境。所以,放手也是一种博大的爱,放对方一条生路,放自己一条生路,放爱一条生路吧。

又赶上毕业季,很多年轻的毕业生从学校涌向社会。暑假里,胡总的公司也开始招市场推广员,应聘者络绎不绝,其中最引人注意的,是一个从美国留学回来的。海归男是科班的设计专业出身,却放弃设计工作来应聘市场推广。

胡总实在是觉得好奇,便忍不住问该海归男:"你为什么放着大好的设计师不干,要来选择这压力大又辛苦的市场业务工作?"

海归男笑了笑说:"因为我不是做设计的料呀!"

听到他这样回答胡总就更加惊讶了,既然不是做设计的料,为什么还会去美国留学呢?

海归男很坦然:"因为我的专业是父母选的,他们从来没有征求过我的意见,其实,我不是那块料,更对设计一点儿热情也没有。"

已为人父的胡总说:"那你父母一定很失望吧?"

"现在应该没有了吧,他们浪费了这么多的时间和精力,总算认识到凡事不能强求。我这人乐于交朋友,圈子广,我想我更适合业务这份工作,我喜欢挑战自己,我喜欢这份工作。"

胡总后来聘用了这名年轻人,因为他在选择自己的人生道路上，遵照了自己的意愿，顺其自然，没有强求，他比自己年轻的时候聪明多了。

生命中总会有一些人、事，让我们觉得无奈。这些无奈是一种难言的伤痛和悲哀。那么既然事情已经注定、已成过去，既然无可奈何、无法挽救，那么就只有调整心态，用豁达的心胸去坦然接受，微笑着去面对，把过去美好的或者不堪的日历统统撕掉，从头开始。

时间是创伤的良药。时间冲不走一切，但终究会冲淡一切。既然一切无可奈何，就让它们雨打风吹过吧，明天温煦的阳光一定会温暖你受伤的心灵。

不成功，就换一种方式

人生不如意事十有八九。在追求梦想的过程中，在日常生活中，一帆风顺、马到成功是最美好的愿望。我们常常会遇到困难，遭受挫折，碰到瓶颈，也必然会有"头撞南墙""吃闭门羹"的时候。

人因为思维的创新而高贵，也会因为思维的定式而平凡。司马光砸缸、田忌赛马、小弥僧点灯和现在所有的脑筋急转弯等，都是突破思维定式而获取成功达到目的的案例。

我国古代有《愚公移山》的故事，《古兰经》上也有一个移山大法的典故。

一个年轻人听说世上有一种"移山大法"，而在这个世界上，这种神奇的大法，只有一位大师才精通。于是他决定去寻找这位大师，并希望拜他为师。

经过跋山涉水、风餐露宿，年轻人终于找到了那位大师。一见到大师，年轻人就扑通一下跪倒在大师面前，请求大师收他为徒。

大师很豁达地说道："我可以教你移山大法。"

这位年轻人很高兴，认为终于可以学有所成了。

一天，大师带着年轻人来到一座大山面前，开始念咒语。年轻人瞪大眼睛看着大师接下来的动作。

只见大师笑盈盈地走到了山的另一边，然后对年轻人说："这就是移山大法。"

年轻人一头雾水，不解其意。

大师平静地说道："山不过来，我就过去。"

世上无难事，只怕有心人。现实中不存在真正的移山大法，却存在一颗智慧的心，慧在变通，慧在创新，用敏锐的洞察力和别具一格的创新思维，唤醒在铁房子中沉睡的人们。

问题的答案并不只有一个，世上的难题的解决方案也并非只有一种。对于无法改变的事情，坚持和执着有时候是一种愚钝，变通和突破才是智慧。看起来不可能的事，也许转一个弯，就迎刃而解了。一切皆有可能。

解决问题的方式不是只有一种，成功的道路并不只有一条。"山不过来，我就过去"，是一种豁达开阔的人生态度，是一种理智聪慧的解决方式。

美国著名的魔术师大卫·科波菲尔出生在新泽西州一个移民家庭里。从小大卫就是个学习不好的孩子，常常受到老师的批评。

一次，大卫在放学回家的路上看到一个老妇人为了一张被老鼠啃坏的一美元钞票而伤心不已。为了让老人开心，他悄悄回家将自己的一美元钞票交给了老人，他告诉老人，这是他用魔法变回来的。老人很感动，称赞他是个善良聪明的孩子。

大卫的父亲听说了这件事，决定带他去波士顿旅游。

第十章　学着接受不能改变的现状

在旅行途中，汽车在小站停下了，大卫的父亲下车买东西，还没等父亲回来，汽车已经带着大卫的哭喊声呼啸远去。大卫很害怕，怎么办？没有汽车，父亲怎么能到波士顿？小大卫越想越害怕。

终于到了波士顿，大卫下车时却看到父亲正在不远处等着他。

"爸爸，你是怎么来的？"大卫惊讶地问。

父亲说："我是骑马来的。"

大卫赞叹不已。

父亲继续开导："只要我们能到达目的地，管它用什么方式呢。孩子，你学业不成功，并不代表你在其他方面不能成功。如果不成功，就换一种方式吧！"此时，大卫猛然醒悟。

后来，大卫对魔术表现出浓厚的兴趣，并跟随一些魔术师学习魔术。他开始为自己的梦想奋斗。教他魔术的老师发现他在这方面具有很高的悟性，学东西很快，而且每次都能在原有的基础上创新。最后，他成了大名鼎鼎的魔术师。

真正的勇士敢于直面惨淡的人生和残酷的现实，这时候我们需要做的不是无谓的牺牲，不是和它硬碰硬，而是改变自己，从而经受起人生施加给我们的磨难。

世上本无移山术，就像成功并无捷径，山不可移，唯一能移动的则是我们的心。你还在感叹时运不济、命运不公、怀才不遇吗？握紧拳头，命运掌握在你自己手里。如果无法改变别人，那就先改变自己，如果改变不了环境，就学会去适应。换一种想法，换一种心情，就能换来一片更精彩的天地。

第十一章
幸福近在咫尺

厘清心绪，拥有快乐其实很简单

快乐是一种态度，是由内而发的一种感觉。萧伯纳说："如果我们感到可怜，就会一直可怜下去。"所以，请挖掘生活中让你高兴的事情，并请保持快乐的习惯，你就会发现，厘清心绪，拥有快乐其实很简单。

有一位19世纪的美国作家，写过好几本书，他住在纽约一所公寓里，像那个时代所有有理想有抱负的作家一样，他一直把自己关在公寓里奋笔疾书。

但是公寓里有一件让他头疼的事，就是每当作家伏案写作的时候，常常会被公寓热水灯的响声吵得心烦不宁，这样作家的思路一下子就被这烦人的响声打断了。蒸气砰然作响，一会儿又是一阵噼里啪啦的声音,这些噪声让他抱怨着公寓环境的恶劣,更是写进了他的小说里。

有一次,他和几个朋友一起出去露营,当作家听到帐篷外的木柴烧得噼啪作响时,他突然想到:这柴火燃烧的声音多像热水灯的响声。

作家回到公寓以后,就常常对自己说:热水灯的声音就和火堆里木头的爆裂声差不多,这是多么美妙的声音啊!

后来,听着公寓热水灯的声音写作成了作家每天最快乐的事情。

不要再抱怨路途的坎坷、前景的黑暗、人生的困惑和遗憾了,因为苦难是上天磨炼我们心智的恩赐,黑夜是黎明前的序曲,遗憾和困惑也可以是我们厚积薄发的动力。冬天来了,春天还会远吗?人生总会遇到一些不如意,遭受一些不公平,但是只要用心感受、用心生活,我们转身就可以看到柳暗花明。厘清心绪,拥有快乐其实很简单。换一种想法,换一种思维,换一种心情,你就能发现:生活中处处充满惊喜,总有一件事值得你高兴!

拥有感恩之心,每一天都是感恩节

在一次学术报告后,一名记者对霍金提问:"霍金先生,卢伽雷氏症将你永久留在轮椅上,你认为命运堵住了你的很多出路吗?"

霍金的脸上充满微笑,用他仅能活动的三根手指,艰难地叩击键盘后,屏幕上显示出了以下四句话:"我的手指还能活动;我的大脑还能思维;我有一生追求的理想;我有爱我和我爱着的亲人与朋友。"

愚蠢的人抱怨命运的不公,而智慧的人,会把感恩牢记在心。仔细想想,我们已经拥有了很多。人最大的福分是活着,而且健康地活着,可以精力充沛地工作。如果你正在找工作,应该庆幸自己有一双腿让你四处谋职,有一双手可以谋生;如果你抱怨薪水低,你应该庆幸自己能按月领到薪水,用以养家糊口;如果你正在与同事闹别扭,你应该感谢所有的同事,因为他们陪你一起工作。

我们为了更好地生活而努力,每一天我们都在忙忙碌碌中奔波,在我们成长的路上,对于伸手可及的帮助我们总觉得理所当然。请记住:对你好不是他们的义务,而是你的福分。知福惜福,生活的乐趣由此而生。真正的智慧,在于认识每一个可贵的时刻,好好珍惜,并为此心存感谢。

有时候,我们的怨责充斥生活的每一处,我们有太多的不如意,于是我们牢骚满腹,怨天尤人。我们的思想有着一种潜在的脆弱性,让我们否定身边的人,从而失去感恩之心,更让我们感到某种沮丧。

让我们以一双慧眼来看待生活,把注意力集中到他人的优点和我们已经拥有的东西上。即使受到了委屈与不公,我们也不可对生活丧失信心,睁大我们的双眼,去发现周围的真善美。

对别人心存感激,可以让我们感到生活愉快,对社会感恩,可以让我们感受到世界美好。感恩也是一种爱,任何负面的情绪在与爱相接触后,就如冰雪遇上了阳光,很快就消融了。心存感激让我们获得平和的心态。越是对生活心存感激,我们的生活越是祥和惬意。

一个太阳暖融融的秋日午后,母亲坐在广场的凳子上,抱着虚弱的小凌,远眺着嬉戏的孩子们。小凌也处在爱玩儿的年纪,本应是他们中的一员,但是她不能,因为她太"小"了。小凌问母亲为什么自己和别人不同,母亲暗淡的双眼流出了滚烫的泪水。

5年前,小凌的母亲还在厨房熬粥,不料突然临盆,可怜的小凌，仅在母体中待了23周就仓促出世了。她的体重还不到一千克。医生告诉她的父母，他们的女儿最多只能存活几个小时。

母亲泪如雨下："医生求求您，救救她吧。"为了挽救这条脆弱的小生命，父母不分昼夜地守候在医院，全体医务人员也不遗余力地奋力抢救。奇迹诞生了，小凌存活了下来。几个月后，父母把小凌带回家精心呵护。

然而，当小凌渐渐长大，她意识到了自己的不一样。她开始发脾气、闹情绪，甚至不想活了。这一天，母亲对她说："你不能用上帝的错误惩罚你自己以及爱你的人！为了使你活下来，整整四个月，没有人休息，医生们没日没夜地抢救你。你的每一丝安危都牵动着所有人的心。所以，你不能颓废，你必须带着感恩的心好好地活下去，只有这样才能安慰所有的人。"

这让疯狂发飙的小凌彻底安静下来，她为自己的行为流下了眼泪。她开始变得喜欢看书，开始锻炼身体，开始每天微笑着面对冉冉升起的太阳。她给受伤的小动物包扎伤口，她替出差在外的邻居浇灌花草。她明白了，自己仅仅是失去了一个正常体重的身体，但她拥有的却有很多：聪明的脑袋、爱她的父母、活动自如的手脚……

后来，情况似乎越来越好，小凌的身高体重已经和普通孩子差不多了。又一个奇迹发生了，经过检查，她的健康状况竟然完全恢复了正常。小凌和父母一起喜极而泣，她知道上帝不曾亏欠过自己。

只有我们拥有一颗感恩的心，才懂得去孝敬父母，才懂得去感谢关爱自己的每一个人。在生活中，我们处处可感恩，如养育我们的父母，传授给自己知识的老师，给自己提供就业机会的老板，工作上帮助过自己的同事，生活中关心自己的朋友以及那些伤害过自己的人。

感恩父母的精心养育，那么今天就帮妈妈做顿饭，即使不可口也足以温暖母亲，为爸爸揉一揉肩，让辛劳一天的他享受到家的温情；感恩朋友的关怀与鼓励，今天给他们发个感谢的短信问候，也许"最近好吗"简单的四个字，也可以表感激。

其实我们不用等到感恩节，拥有感恩之心，每一天都是感恩节。让感恩之心宽慰心中的狭隘。只要拥有一颗感恩的心，原谅失去和错误，消弭隐痛和不堪，就会使我们的人生变得更加精彩，使我们的心胸更加开阔。

往前看，就能看到幸福

父母告诉我们，刚学走路的时候，我们摔倒了，即使哭了也会立马爬起来，然后蹒跚地继续向前走，于是我们学会了走路。现在我们长大了，也摔跤了，却失去了刚学走路时的勇气和坚持，我们常常回首过去，看看那些把我们绊倒的"坑"，顾影自怜，有些人甚至沉溺于那些"坑"中无法自拔。

人生道路崎岖不平，坎坎坷坷，如果我们被绊倒了，何不像我们刚学走路的时候那样，迅速站起来，拍拍尘土继续前行，不去留恋那个绊倒我们坑。对以往的事耿耿于怀是无济于事的，与其后悔不迭，不如走好脚下的路，往前看，就能看到幸福。

最近小蕾进入了情绪低潮期。经过三年的努力，她本来已经爬上了部门经理的位置，却不料因为小人的陷害，导致公司领导对自己不信任，而且也因为后来自己的疏忽，公司一笔大单子生生毁在了自己手上。无奈小蕾只好卷铺盖走人。

这件事情在小蕾的心中萦绕了一个月了，小蕾始终没有走出来，这不但影响了她与家人间的感情，而且还影响到她的生活。小蕾苦恼极了，对什么事都提不起兴趣，更别说重新去找工作了。

后来，小蕾向自己的好朋友倾诉自己的烦恼，寻求帮助。朋友说道："其实你这样，难过的还是自己，与其每天混沌度日，还不如找份好工作，让你原来的同事看看，你不稀罕那工作，好工作多了去了。你现在这样只会让那些人幸灾乐祸。"

听了朋友的一席话后，小蕾恍然大悟。于是就试着去改变，把一些事换一种角度去看，去感受。每天起来，小蕾给自己化一个妆，换一身颜色亮丽的衣服，心里想着自己是一个快乐的女人，并且试着重新去找工作了。

凭着小蕾扎实的技术和多年的工作经验，小蕾找到了一份满意的工作，而且得到了领导的重视。

莎士比亚说："聪明人永远不会坐在那里为他们的损失而哀叹，却用情感去寻找办法来弥补他们的损失。"我们遭遇挫折在所难免，但总有人一味沉溺在已经发生的事情中，不停地抱怨和自责。这种人，躲在绊倒自己的坑里，只会感到生活的无助和悲哀，看不见前头一片明朗的天空。

如果我们被绊倒了，如果我们摔跤了，我们只需要往前走，身后绊倒我们的坑，对于我们来说，只是一种锤炼。我们所需要做的，只是爬起来，继续往前走，把过去的阴郁抛在脑后。

当你扭转头往后看那个绊倒你的坑时，你会重新受伤，之前的伤疤又会隐隐作痛。何必为那个绊倒自己的坑无谓伤神，看淡它，你才会走得快、走得好。如果跌倒了就不敢爬起来，就不敢向前走，那么你将永远止步不前。苦难如果不能把人置于死地，就会使人焕发巨大的潜能，快速地成长。

抬起头，勇敢地朝前看。每一次失败与挫折都会使一个勇敢的人更加坚定。我们经历了失败的痛苦，不要纠缠于其中，而是要站起来，重新上路，这样，你就能看到幸福。一个花样溜冰选手说："如果你问一个善于溜冰的人怎样获得成功，他会告你说，跌倒了爬起来，这就是成功。"

一切都将雨过天晴

美国著名的心理学家威廉·詹姆斯说:"人能因为改变心态,从而改变自己的一生。"境由心生,人生的成功或失败,幸福或坎坷,快乐或悲伤,有相当一部分是由人自己的心态造成的。当下雨时,为自己撑起一把雨伞吧,不抱怨,不嗔怒,内心笃定,雨总会过去,阳光总在风雨后。

其实人生就是这样,会遇到很多挫折和困难,这些挫折和困难需要我们一一去克服。只有战胜一个又一个心结,经历一个又一个站口,我们才会发现生命如此丰盈。我们的天空不会总是阴云密布,而是雨还没下透,下透了,天也就晴了。我们要坚信,不经历风雨,怎见彩虹。

所有的人都说她年轻有为,是一位优秀的跳水队运动员。这次,她要去参加一个重要的国际比赛。无论教练还是观众,都一致认为她是最有希望夺得冠军的人选。她发挥稳定,表现出色,以一个个高难度动作征服了评委。但就在最后一跳的时候,大家都以为冠军非她莫属了,可她竟然出现了技术错误,与冠军失之交臂。

这个结果让她哭成了泪人,当所有的观众看到这一幕的时候,都为之动容。她自责、懊恼自己辜负了教练的悉心培养,更辜负了自己的汗水和努力,辜负了关心自己的人们。她害怕记者追问,更不敢去面对辱骂和嘲笑。

但她错了,当她走进飞机场时,眼前的景象让她感到意外。许多观众手捧鲜花,在机场外面等待着她的到来,人们没有因为她的失误而责怪她。有的人手中还举着标语:"失败了也要昂首挺胸!"

"这些会过去!"

三年之后,她再次代表国家出战,这一次她不负众望,得到了久违的冠军奖牌。

面对失败,我们应该告诉自己"这终会过去",失败了就继续努力,没有什么会一直保持现状,总有那么一天,我们会等到雨过天晴。坦然,顺其自然,这是失意时的最为重要的心态。人生之路并不都是充满阳光、充满鲜花的"阳关大道",有时也有沟沟坎坎。对于失意,我们应有的心态是不沉沦、不怨天尤人,从失败中奋起,勇于拼搏,敢于从头再来,这才是"人间正道"。

在人们眼中,她简直是悲剧的化身。从小父母离异,从小受到小伙伴的欺负。她的学生时代,学习成绩差,人缘也不好,而且高中毕业就休学了,在同学们还在念大学的时候,就在一家工厂打工,做装配之类的工作。

后来她谈婚论嫁了,家人希望她嫁一个好老公,把她从这样灰暗的生活中拯救出来。人们期待的白马王子出现了,人们期待幸福的婚姻生活也出现了。在人们的介绍下,她终于和一个事业有成的离异男人结婚了,并生下了一个可爱的儿子。人们觉得这样的结局应该是最完美的。可是天有不测风云,她丈夫外出时发生了车祸,高位瘫痪。

可是令人们奇怪的是,她并没有倒下去,甚至比以前更加会生活了。她开始学简单的化妆,做丰盛的菜肴。人们很奇怪,在背后纷纷议论说这女人怕是要改嫁了。

可是她却说:"生活还在继续,上天却没有亏待我,我还有一个儿子,我还有一个丈夫。我要每天好好地生活,让他们看到生活的阳光。"

生命是这个世界上最宝贵的财富,所有的财富都可以失而复得，但是生命只有一次。所以只要我们还活着，就应该用心去珍惜我们的生命，珍惜身边的人和事。

虽然我们不能控制别人，但却可以掌握自己。虽然我们无法重写历史，我们也无法预知未来，但我们却可以把握现在。虽然我们左右不了无常的天气，但我们却可以调整自己的心情。明天将是崭新的一天，我们的生活就该每天充满新的希望，不畏浮云遮望眼，因为风雨过去，总会放晴。

原来自己一直都被幸福包围着

在电影《星尘往事》中，有这样一个片段：主人公困在一节车厢里不能动弹，周围的人群面无表情。他只好转过头看车窗，他看到窗外的那节车厢里热闹非凡，人们在派对上狂欢，有个妖娆的女子还隔窗向他飞吻。他一时恍惚，对窗外的那节列车非常神往。可那节狂欢中的车厢近在眼前，却远在隔窗的铁轨那边，看得见、过不去。

其实现实中亦如此，我们觉得有的人风光无限，坐享其成，有的人少劳多获，幸运无比。可是真相是否如此，我们也许永远看不到。他们的苦恼和焦虑，我们无从知晓。隔着不可触及不可穿越的玻璃，一切都是光鲜耀人的，一切皆让我们神往。

施秋是公司里人人羡慕的女孩。工作上，她年纪轻轻就爬上了副总经理的宝座。生活上，家庭优越，似乎从来没有吃过什么苦。婚姻上，更是有一个疼她爱她的丈夫，她每天都被当成公主，丈夫上下班接送。

可是施秋从来不跟别人说，他们所不知的事实是，那个接施秋下班的丈夫宁可在堵车路上练车技，也不愿意自己做哪怕一顿晚餐。每天傍晚，施秋和超市的蔬菜、牛肉、大米一起被接回家，以便按她丈夫的要求做出荤素搭配、营养全面的三菜一汤。

公司同事们参观完施秋的家后评价："你家真干净。"这是他们眼见的事实。施秋笑了，表面是干净的，可是他们所不见的事实是：储藏室里堆满了杂物箱，箱子里有落着灰尘的旧报纸，有换了季没来得及洗的脏衣服，有门铃响起时还扔在地上的饮料瓶，储藏室的门背后藏着刚刚用完还没顾得上淘洗的拖把。

有公司重大晚会的时候，人们看见施秋衣着光鲜、笑靥如花地出现在聚会上，人们都夸施秋真有魅力，连公司新来的同事小张都开玩笑地说自己都拜倒在施秋的石榴裙下了。人们不知道，施秋当晚默默地更新了微博：裙裾飘摇，慢声细语，姿态从容，你看到了。但聚会前，灰头土脸趴在地上手脚并用擦地板的那个人；聚会后，衣服扔得满地都是，躺倒在沙发上的那个人；冰箱里空空，只能稀溜溜吃方便面的那个人……你们没有看到。

世界上从来没有完美的人、完美的事和完美的婚姻。奥巴马的第一夫人米歇尔夫人在《人物》的专访中，畅谈与丈夫奥巴马的白宫生活时，她说："我不想让大家认为婚姻是那么的轻松。我们的婚姻得以维系，是因为我们真正在努力维护。我们的婚姻坚固，但不完美。"

是的，生活中那些人所知道的事实，是用来观看的；那些人所不知的事实，只有自己才能体会到。那些所谓的光鲜照人，都是虚夸的外表，往往都掩饰了那些不可与外人道的苦衷。

大学的时候，许佩凡是个温柔漂亮的女孩子，是人见人爱花见花开的校花，追她的人可以说从寝室排到了食堂门口，但是许佩凡一个也看不上。

毕业5年后，同学们都收到了许佩凡的喜帖。正当人们在想象着当初的校花选择了一个怎么样的金龟婿时，当新郎走过来，亲朋好友失望了。人们为许佩凡感到遗憾和不值。许佩凡选择嫁给了一个其貌不扬的男生。可能是个富二代吧？人们猜想。可是当知道这个新郎既没有优越的家境，也没有一份稳定的工作时，闺蜜们叹息："许佩凡疯了！"这是一桩曾经遭到所有人质疑的婚姻，这是一个曾经得不到好姐妹们认可的新郎，这是一个得不到祝福的婚姻。

时至今日，10年过去了，很多同学结婚后发现婚姻不幸福，也有一些人劳燕分飞了，但人们看到许佩凡和她的丈夫却依然如新婚般幸福甜蜜。这其中真正的幸福，恐怕只有许佩凡自己才能深深地体会，而局外人，则只能站在一个自私的角度去审视她的幸福，假想别人的感受。

幸福是一个很抽象的词语，没有谁能拿出幸福，也没有谁可以说出幸福的颜色和形状。但是，它又实实在在地闪耀在生活里。不同的人会给出不同幸福的定义。有人说，家财万贯就是幸福；有人说平淡是真，平安就是幸福；有人说做自己想做的事就是幸福；有人说得到自己追求的东西就是幸福；有人说和自己心爱的人相濡以沫就是幸福。但是，如果我们一直站在窗口，从窗口张望别人的幸福，便注定会遗失你自己的幸福。

不要拿自己对幸福的理解去衡量别人的幸福，更不要逗留在窗口去羡慕别人的幸福，只要你回过头来，用心感受，细细品味生活中的每一个瞬间，你就会发现，原来自己一直都被幸福包围着。

生命是有限的,但希望是无限的

我们常常会遇到不如意的事情,比如工作上的不顺心,让我们想到了辞职;生活上的不如意,让我们想到了逃离俗世。其实在很多情况下,人所处的绝境,人所谓的绝境,并不是真正的生命绝境,而是一种精神和信念的绝境。就算是破釜沉舟,也要置之死地而后生。或许明天工作就顺顺利利,或许明天又是一个阳光明媚的日子。

马丁·路德·金说:"可以接受有限的失望,但是一定不要放弃无限的希望。"面对惨淡的人生,不如意的困境,真的需要很大的勇气,有些人挺不住了,消沉了,颓废了,旁人便只好无奈地扼腕叹息。其实,消沉是一种懦弱的表现,消沉让我们放弃了抗争,放弃了一切。在我们的人生道路上,挫折和困难是难免的,起起落落谁也无法预料,当我们遇到挫折时,无论遭受着怎样的"不可承受之重",无论你感到怎样的锥心之痛,千万不要忧郁沮丧,更不要沉溺其中、无法自拔。

有一个多愁善感的小女孩,一天在家里西窗前她看见一行送葬队伍,不禁泪流满面。女孩的爷爷看见了,把小女孩叫到东窗前,推开窗户,只见邻居家正在举行婚礼,喜庆欢乐的气氛顿时感染了小女孩,她破涕而笑了。

另一个小女孩,活泼好动。她在溜冰的时候不小心摔折了腿,躺在病床上不能动弹,苦不堪言。与她同病房靠近窗口的床位上是位老太太,她的伤已快痊愈了,每天能坐起来,痴迷地欣赏窗外的景色。小女孩羡慕极了:"您看见什么了?说给我听听吧。"老太太爽快地答应:"行!"于是,老太太每天给她描述着窗外的美景,树叶发芽了，小鸟出生了，一条毛茸茸的小狗跑过来……小女孩听得入迷了，心旷神怡，心中的郁闷悲伤化为乌有。后来老太太出院了，小女孩也可以坐起来了。她迫不及待地恳求护士把她调到靠窗的床位。她欠起身，朝窗外一望，却发现：窗外竟是一堵黑墙。小女孩明白了，是老太太给她推开了一扇心窗。

当一扇门被关闭的时候，当我们处于心灵绝境的时候，需要一双上帝般的手来帮我们推开一扇充满欢乐与希望的心窗。或许我们不像小女孩这样幸运，得到了老太太的举手之劳，但我们可以为自己开一扇窗。人生有悲剧也有喜剧，有失败也有成功，有痛苦也有欢乐，你可以接受有限的失望，但不要放弃无限的希望。

当每个人在困境中嘶喊的时候，就等于不断地给自己注入负面能量，这样又如何能振奋精神，打开心灵的窗户呢？其实，机会一直把握在你手中，希望也一直在你心中。别担心，今天过了还有明天，只要生命继续，希望的窗户虚掩着，只等你轻轻推开。

在美国，曾经有一位追求电影梦的年轻人，就算在他最穷困潦倒的时候，他仍执着地坚持着心中的梦想：成为一个知名的演员，完成自己的电影梦想。

好莱坞有500多家电影公司，他带着自己写好的剧本前去一一拜访。悲剧的是所有的电影公司，却没有一家愿意聘用他。面对百分之一百的拒绝和冷漠，他没有灰心丧气。他做了一个决定，又回去从第一家开始，继续他的第二轮拜访与自我推荐。但不幸的是，在第二轮求职中，他仍然遭到了500多次拒绝。年轻人开始了第三次拜访，却还是无功而归。

可是，这位年轻人没有放弃，咬紧牙关开始他的第四次行动。当他拜访完第349家后，第350家电影公司的老板破天荒地让他留下剧本先看一看。

几天后，幸运之神光顾了年轻人，他获得通知，通知中请他前去详细商谈。就在这次商谈中，这家公司决定投资开拍这部电影，并请他担任男主角。这部电影名叫《洛奇》。

而这位年轻人就是席维斯·史泰龙。

人生就是这样，只要信念还在，希望就在。许多人一陷入困境，就悲观失望。其实，他们应该告诉自己，困境是另一种希望的开始，它往往预示着明天的好运气。因此，你只要放松自己，告诉自己希望是无所不在的，再大的困难也会变得渺小。

生命中不乏失望，但我们一定不能绝望。希望是引爆生命潜能的导火索，是激发生命激情的催化剂，更是到达理想彼岸的小船。生命是有限的，但希望是无限的，不要忘记每天给自己一个希望。人生本就多姿多彩，磨难不过是一些调色剂。同样是过一生，但你却拥有非凡的经历，这也是一种阅历，一种丰盈。

享受你拥有的一切就是幸福

人生是一个追求幸福的过程，追求是一种乐在其中的幸福，而享受已经拥有的，更是一种唾手可得的幸福。幸福看不见，也摸不着，谁也说不出幸福的颜色和形状，我们只能用心去感受。

人往往身处幸福之中，却感受不到幸福的存在，这就是身在福中不知福。在追逐幸福的过程中，最珍贵的幸福往往被我们忽略。我们要充分享受自己已经得到的一切，用心去感受围绕在身边的幸福。

诚信日用百货商店是这个小镇的老字号，老板是一个花甲的老人——方老先生，由于他待人热情，商店童叟无欺，小镇上的人都喜欢光顾他的商店，因此商店生意一直很兴隆。

方老先生只上了几年学，对会计业务根本不擅长，虽然店面扩充了，但他仍然采用传统的方式来记账：把支票放在一个大信封内，把钞票放在空烟盒里，而到期的账单却都被他插在了票插上。

对于父亲不习惯用账簿记录来往的账目，当会计师的儿子小方有些不理解，一次问道："爸爸，你平时是怎么记账的，你就不怕赔钱吗，你根本无法核算成本和利润。让我替你设计一套现代化的会计系统吧？"

方老先生笑着说："不必了孩子，我心里有数。"儿子还是不明白："那你平时是怎么计算利润和成本的呢？"

方老先生看了小方一眼，笑道："我小时候生活在农村，一家人生活得非常辛苦，你爷爷去世时只留下一条工装裤和一双鞋给我。后来我离开了那个村子，来到这个小镇上，通过自己的努力，终于攒够钱开了这家百货商店。后来遇到了你母亲，我们很快结了婚，并有了三个孩子，这一切都让我觉得自己太幸福了。现在你们都大学毕业了，而且我的小店也扩张了……"

说到这里，方老先生顿了顿，继续说道："我计算成本和利润的方法很简单，就是把这一切都加起来，然后扣除那条工装裤和那双鞋。"

听完父亲的讲述，儿子终于明白了父亲的想法，良久无语。

名落孙山的人会觉得收到录取通知书是一种幸福；生病的人会觉得健康是一种幸福；食不果腹的人会觉得吃到美食是一种幸福。拥有万贯家产的人让人羡慕，但他们往往觉得平常百姓更幸福；而许多在雨夜中的赶路人，一碗热汤就是他们最大的幸福。

很多人处心积虑想得到幸福，殊不知幸福就在他们身边，就在他们的日常生活中。关键在于他们是否感知到了幸福的存在，是否懂得如何去计算幸福。把眼光从高不可攀的目标放回到自己身边吧，你会发现你从不缺少幸福。

李择睿是一位资历颇深的公务员，工龄快30年了。他原本是单位主管，业务管辖的人员数约600人，每天忙得不可开交，也不亦乐乎。

不料自从换了一个最高行政主管，新官上任三把火，他对单位的管理层重新做了调配，把李择睿扫到了一个小部门，管辖的人数一下子缩减为60人。对这突如其来的调职，一向工作认真、谨守本分的李择睿深感委屈，因此大病了一个月住院了。

休养好了之后，李择睿到了新的工作岗位，实在咽不下这口气的他决心要申请提前退休。不过一位同事的话却让他看开了许多，那位同事说："为什么这么生气呢，我倒觉得你应该谢谢这位新主管，你想想，拿一样的薪水，以前你管那么多人，整天没日没夜地工作，现在却可以每天下午四点去打球，这真是正式退休前最好的过渡安排，让你慢慢适应退休生活，生活品质岂不是好多了？这么好的事，很多人求都求不来呢！"

听了同事一番话，李择睿一下子豁然开朗。回家仔细想过之后，他决定打消提前退休的念头，开开心心地开始享受现在的工作。从此，他的生活轻松又惬意。

其实幸福很简单，就像一个人健康地呼吸，会认为这是天下最自然的事情，但忽然有一天，他的肺部出现问题了，才明白能够自由地呼吸是多么幸福的事情。生命中的健康、自由、亲情、友情、爱情，包括工作，其实这些都是莫大的幸福。

幸福快乐的秘诀

毕淑敏在《提醒幸福》中写道:"幸福并不与财富、地位、声望、婚姻同步,这只是你心灵的感觉。"所以,当我们一无所有的时候,我们也能够说:"我很幸福,因为我们还有健康的身体。"当我们不再享有健康的时候,那些勇敢的人们可以依然微笑着说:"我很幸福,因为我还有一颗健康的心。"幸福快乐的秘诀就是知足、感恩、帮助别人、分享、乐观。

一个女孩和同学一起去登山,因为家里生活艰辛,她穿了一双都可以露出大脚趾的鞋子,一路上,她看到同学们的崭新的登山鞋,心中很自卑。正是春暖花开的季节,别人都有说有笑,只有她闷闷不乐,光顾着看自己破破烂烂的鞋子,而错过了身边的风景。

翻过了一座山,她再也提不起爬山的兴趣了。她一个人坐在山脚下流泪,突然她看见了一位失去了双腿的人挂着双拐从她身边经过向山顶攀登,她突然惭愧极了:至少自己还有一双健全的双脚。

有些人永远不会感到满足,他们的快乐建立在不断地追求与争取之中,因此目标不断地向前推移。这种人的快乐可能会很少。

懂得了知足,我们也就得到了快乐。知足常乐,让我们在烦躁与喧嚣中,滤掉压抑与沉闷,沉淀出友善与淡定。知足是一种处事态度,是一种豁达的情怀。当我们在忙于追求、忙于拼搏而迷失方向的时候,知足常乐,对于风雨兼程的我们来说,是一个宁静与温馨的港湾。做到知足,人生便会多一些从容,多一些豁达,从而得到常乐。

知足,是一种心态。台湾漫画家蔡志忠说:"如果拿橘子来比喻人生，一种橘子大而酸，一种橘子小而甜，一些人拿到大的就会抱怨酸，拿到甜的又会抱怨小。而我拿到了小橘子会庆幸它是甜的，拿到酸橘子会感谢它是大的。"

有一个人一天不小心被一根刺扎在了手上，流了很多血，看见的人都过来安慰他，不想他却说："感谢上天赐予我幸运，幸亏这根刺是扎在了我手上，而不是扎在我的眼里。"

感恩你就会快乐。怀有一颗感恩之心，学会感恩，为身边的任何小事感恩，你会获得心灵上的幸福与满足。这世界上没有任何事情是理所当然的，是本应该如此的，亲情如此，感情如此，生活如此，事业也如此。学会珍惜与感恩，你会更快乐。常怀感恩之心，会让你淡泊名利，知足常乐。常怀感恩之心，会让你懂得滴水之恩，涌泉相报。

感恩，是一种人性的美德，是一种处世的哲学，一种生活的态度，更是一种生活的大智慧。

一位富翁背着一袋珍宝寻找快乐。他走过了很多地方都没有找到，反而发现自己越来越悲伤，心也越来越累。

一位老人看见了，对他说："你用你背上的珍宝，试着去帮助那些需要帮助的人吧。"

于是富翁开始为因为贫穷的孩子送去了学费，为没钱看病的人送去救命钱，给敬老院捐款盖了新房子。虽然金钱散尽，但是他得到了快乐，现在天天都有朋友来关心他，来他家来找他聊天，富翁再也不觉得生活孤单无聊了。

帮助别人幸福，你会得到快乐；帮助别人成功，你也会得到成功；帮助别人圆梦，你也将圆了自己的梦。帮助是一种内在的力量，你传递得越多，自身的力量也会变得越强。帮助是一种无言的爱,你给予得越多,也将获得更多的阳光和雨露。每当看到受帮助者因为我们付出的劳动而感到快乐,而且对我们回馈感激和赞美的时候,我们的心里何尝不是快乐的?

有两个互不认识的年轻人去饭馆,可是他们两个人带的钱都不多,其中一个人的钱仅够买一盘酒鬼花生,而另一个人的钱仅够买一瓶绍兴老酒,于是两个人就把钱合在一起,买了一瓶酒和一碟花生,一起分享一顿有酒有菜的快乐晚餐。

分享会让你快乐。分享是一种博爱的心境,学会分享,你就学会了生活。分享是一种理念,一种双向的沟通,彼此给予,共同拥有。分享促人成长并走向成熟。培根曾经说过:"如果把一个好东西分享给一个朋友,你将得到快乐,如果只是自己知道、自己享用,你将不会知道快乐真正的定义。"

一位老人有两个女儿,大女儿是卖伞的,小女儿是卖太阳帽的。两个做生意的女儿,让老人家生活在烦恼中,因为晴天大女儿的雨伞卖不出去,雨天小女儿的太阳帽卖不出去。

后来有人对老人说:"看你多有福气,晴天你小女儿有太阳帽卖,雨天你大女儿又有雨伞卖,天天都有好事情发生,你岂不是天天都高兴得合不拢嘴。"

换一种思维方式看问题,你会得到快乐。有时候事情有着相对的两面性,只要换一种思维方式,换一种想法,就会换来一片新天地。

境由心造,一个人的处境是苦是乐往往是主观意愿造成的。快乐的人哪怕是在严寒的冬天也会看见阳光。

人一辈子就这么活着,快乐与悲伤都是一辈子,何不快快乐乐地度过一生,活着就要快乐着。快乐是一种感觉,一种习惯,无论贫富美丑，只要你愿意，都可以快乐。

有人认为"知足常乐"是一种阿Q精神，是一种无法改变现状的无奈与徒劳的表现，其实这是有些人选择悲伤、选择痛苦的幌子和借口。"知足常乐"是一种平和健康的心态，它并不是消极的满足现状，而是认清现状，调整好心态，一步一个脚印，在快乐的心境下稳扎稳打地前进。

很多人做过这样一个心理试验，快乐是可以暗示并且获得成功的。如果你每天提醒自己数遍"我很快乐"，你会惊奇地发现，你真的变得越来越快乐了。为了我们有一个健康快乐的人生，从现在做起，让我们时时提醒自己"我很快乐"，让快乐成为一种习惯，陪伴我们到永远。